TRAKTOREN made in GERMANY

Joachim M. Köstnick

Motor buch Verlag

Einbandgestaltung: Luis dos Santos

Bildnachweis: Sofern Bilder nicht gemeinfrei sind, befinden sich die Bildquellen unter den jeweiligen Abbildungen; die Rechte an den Bildern verbleiben bei den Urhebern.

ISBN 978-3-613-03473-0

1. Auflage 2012

Sie finden uns im Internet unter
www.motorbuch-verlag.de

Lektorat: Martin Gollnick / Joachim Köster
Innengestaltung: Ralf Weinreich, ERWE-Design
Druck und Bindung: LEGO s.p.A., 36100 Vicenza
Printed in Italy

INHALT

VORWORT

Während in den USA die Ausstattung der Landwirte mit arbeitserleichternden Landmaschinen schon im 19. Jahrhundert eingesetzt hatte, kamen in Deutschland Mechanisierung und Motorisierung der Bauern nur langsam voran. In der Entwicklung der neuen Fahrzeuggattung Traktor hinkten die Deutschen Ländern wie den USA hinterher. Weil sich aber gerade die riesigen und spritfressenden Schlepper aus den Vereinigten Staaten nicht sehr gut für die kleinräumigeren europäischen Verhältnisse eigneten, begannen spätestens nach dem Ersten Weltkrieg auch in Deutschland zahlreiche Firmen – darunter oftmals sehr kleine – mit dem Experimentieren und Entwickeln von motorgetriebenen Zugmaschinen, um mit geeigneten Lösungen für den deutschen und europäischen Markt diese Lücke zu füllen.

Bereits in den 20er Jahren konnte sich der Mannheimer Traktorenbauer Heinrich Lanz mit seinem von einem Glühkopfmotor angetriebenen »Bulldog« einen Spitzenplatz unter den deutschen Herstellern und einen weltweiten Bekanntheitsgrad sichern. Andere Firmen wie Fendt, Hanomag, Eicher oder Deutz ließen nicht lange auf sich warten; im Gegensatz zu Lanz und den Amerikanern setzten diese rasch auf den sparsameren Dieselantrieb.

Zu diesen großen deutschen Traktorenbauern gesellte sich bald eine Vielzahl kleiner und kleinster Betriebe, die von den Aufschwungphasen der deutschen Landwirtschaft mitprofitieren wollten und so ihren Teil dazu beitrugen, dass nach mühevollen Anfängen die heimischen Bauern motorisiert wurden; gerade in der Wirtschaftswunderzeit der 50er Jahre konnten endlich selbst kleine Bauernhöfe mit passenden und bezahlbaren Schleppern versorgt werden.

Die wirtschaftliche Entwicklung im Verlauf der darauffolgenden Jahre und Jahrzehnte zeigte jedoch, dass die Luft für kleine Betriebe – auch für bereits etablierte – immer dünner wurde. Nachdem der Markt erst einmal gesättigt war, zwang der zunehmende Konkurrenzdruck durch inländische wie ausländische Traktorenhersteller viele einheimische Betriebe entweder zur Fusion mit größeren Firmen oder zur Geschäftsaufgabe. Auf diese Weise lichtete sich mit der Zeit das einstmals riesige Feld der auf dem deutschen Markt agierenden Traktorenfirmen von selber.

Manche Namen – wie Fendt und Deutz – existieren als Marken immer noch, auch wenn sie nicht mehr selbständig sind. Andere, wie z. B. Lanz, gingen in einem größeren Konzern auf, wechselten die Branche oder traten, wie im Falle Claas, erst relativ spät als Traktorenproduzenten in Erscheinung. Wenige kleine Hersteller, wie etwa Holder, konnten sich hingegen in Marktnischen behaupten und blieben selbständig.

Dieses Buch stellt die wichtigsten Schlepper made in Germany, die in mehr als hundert Jahren entstanden sind, in Wort und Bild vor. Es porträtiert die oft spannende und wechselhafte Geschichte ihrer Hersteller und berücksichtigt dabei zudem eine Vielzahl kleinerer Schlepperbetriebe sowie die Traktoren aus der ehemaligen DDR.

AGRIA

Die heute noch existierende Agria-Werke GmbH verdankt ihre Entstehung dem Umstand, dass die beiden Geschäftsführer einer Karlsruher Zahnradfabrik, Otto Göhler und Erwin Mächtel, es schafften, ihr Zweigwerk in Ruchsen nach dem Zweiten Weltkrieg vor der Demontage zu bewahren.

Der Rasentraktor Agria 930 aus spanischer Fertigung beim Heuernte-Einsatz. (Foto: Luis Miguel Bugallo Sánchez, © CC-BY-SA 2.0)

Spielzeugautos, Motorhacken und Dreiradlaster

Die beiden Männer brachten die Produktionsanlagen ins nördlich von Neckarsulm gelegene Möckmühl in dem gerade von den Besatzungsmächten gegründeten Land Württemberg-Baden. Mit den Maschinen und den Fachkräften, die ihnen in den Nachkriegswirren zur Verfügung standen, begannen sie 1946 mit der Produktion von Spielzeugautos, Tabakpfeifen, Handbohrmaschinen und zusätzlich von Zahnrädern.

Das waren noch nicht die Produkte, die die Firma längerfristig tragen konnten. Da brachten die Weinbauern in ihrer Nachbarschaft sie auf die Idee, mit radangetriebenen Motorhacken zu experimentieren. Die wirtschaftlichen Bedingungen und die Materialbeschaffung waren allerdings zu Beginn schwierig. Erst die Währungsreform 1948 schuf die Voraussetzung, mit der Herstellung der neuen Motorhacken richtig durchzustarten. Zum auch als Einachsschlepper verwendbaren Motorhacken-Erfolgsmodell namens »Agriette« Ende der 50er Jahre gesellte sich die ebenfalls erfolgreiche Einradgartenfräse »Agria Baby«. Beide begründeten mit den Ruf des Unternehmens.

Agria blieb jedoch anderen Produktsparten gegenüber weiterhin offen. Weil der Bedarf auf dem Markt vorhanden war, baute die schwäbische Firma von 1950 bis 1954 sogar einen Dreirad-Lastenroller mit dem Namen »Triro«. Selbst Gefriertruhen fand man von 1959 bis 1964 im Agria-Produktangebot.

Das Modell Agria 2800 D bei einer Ausstellung. Mit seinen Einachsschleppern begründete Agria eine erfolgreiche und langlebige Produktreihe.

Einachs- und Vierrad-Kompaktschlepper aus Möckmühl

Mit der Übernahme der Maschinenfabrik Schilling in Karlsruhe-Durlach 1953 besaß Agria nun auch deren Einachsschlepperproduktion. Mit dem Universalschlepper »Typ 1600« begann Agria eine erfolgreiche Produktreihe, die bis heute einen wichtigen Teil des Sortiments ausmacht. Der Bau eines leichten Geräteträgers wurde ebenfalls versucht, ein Serienbau unterblieb allerdings wegen technischer Probleme.

Mit dem »Agria 4000« stieg die Firma Mitte der 50er Jahre erfolgreich in die Herstellung von Zweispur-Vierrad-Kompaktschleppern ein, die im Obstanbau und im Kommunalbereich zum Einsatz kamen. Die sechsgängige Maschine besaß einen 10-PS-Dieselmotor und konnte ihre Spurweite verstellen.

Den großen Durchbruch auf dem Schleppermarkt glückte Agria 1964 mit dem Schmalspurschlepper 4800, der für Sonderkulturen und Gartenbau gedacht war. Vier Jahre später erschienen der Allradschlepper 6700 mit Allradlenkung und -bremsanlage sowie der 3900 Weinberg-Trac, der ebenfalls mit Allrad ausgerüstet war, dazu noch mit einem Seilwindensystem, um sich an Weinbergen hochziehen zu können. Bei der Motorenentwicklung arbeiteten die Möckmühler damals eng mit NSU in Neckarsulm zusammen. Schon in den Einachsfräsen fand sich der NSU-Quickly-Motor.

Agria baute in den 70er Jahren das Angebot an Kompaktschleppern aus, es entstanden viele weitere Modelle, darunter der »Typ 5700« mit 16-PS-Dieselmotor, der »Typ 4800 K« mit 23-PS-Zweizylinder-Diesel oder der 26 PS starke »Typ 6900« mit wassergekühltem Motor. Mit dem Erfolg einher ging gleichzeitig die Expansion der Firma. Zuerst wurden Betriebe in Adelsheim und Jagsthausen, dann zusätzlich außerhalb Deutschlands in Griechenland, Spanien und Italien gegründet. Agria exportierte seine Produktpalette unterdessen in über 150 Länder, die Firma wurde Weltmarktführer auf dem Gebiet der Gartenfräsen.

Trennung von den Kleinschleppern

Im Laufe der folgenden Jahre verschärfte sich die Konkurrenzsituation unter den Anbietern von kleinen Schleppern, viele Firmen aus dem Ausland drängten auf den deutschen Markt. Zu Beginn der 90er Jahre ließ Agria deshalb seine Modellpalette an vierrädrigen Kompaktschleppern auslaufen. Das Unternehmen hat stattdessen sein Angebot im Bereich der motorisierten Gartengeräte ausgebaut und bietet seitdem für Grünflächen- und Bodenbearbeitung sowie Grundstücks- und Wegepflege ein breites Spektrum an Arbeitsgeräten an, darunter Motormäher, Geräteträger, Motorhacken, Einachsschlepper, Kehrmaschinen, Anbaugeräte und anderes mehr.

Mit ihm gelang der erfolgreiche Einstieg in den Markt der Vierradschlepper: Agria 4800. (Foto: © Sammlung Gebhardt)

Der Agria 6700 von 1973 verfügte dank seiner Knicklenkung über einen sehr engen Wendekreis. (Foto: © Sammlung Gebhardt)

ALLGAIER

Als Georg Allgaier im Jahr 1906 im schwäbischen Hattenhofen bei Göppingen einen kleinen Betrieb zur Anfertigung von Schnitt- und Stanzwerkzeugen gründete, war noch nicht zu ahnen, dass sein Name für eine kurze Zeit einmal zu den Großen im Traktorenbau zählen würde. Mit dem »Volksschlepper« hatte er einen umsatzträchtigen Porsche-Diesel im Angebot.

Werkzeughersteller für die Automobilindustrie

Allgaier hatte es anfangs nicht leicht, diesen Betrieb überhaupt zu etablieren. Es sollte mehr als zehn Jahre dauern, bis ihm dies aufgrund des Aufschwungs im Bereich der Motorisierung nach dem Ersten Weltkrieg und dem dadurch gestiegenen Bedarf nach Werkzeugen, wie sie Allgaier anbot, in den 20er Jahren endlich gelang. Mittlerweile hatte er sich auf die Automobilindustrie spezialisiert und war mit seinem Betrieb in eine größere Fabrikationsanlage nach Uhingen umgezogen. 1929 erweiterte Allgaier dieses Engagement noch durch den Zukauf eines Presswerks, mit dem er Werkzeuge für den Karosseriebau fertigte.

Das immer besser laufende Geschäft ermöglichte es ihm 1937 schließlich, seinen Betrieb in eine GmbH umzuwandeln. Zwei Jahre später erfolgte die Heirat seines Sohnes Erwin mit Elsbeth Kaelble, der Tochter von Carl Kaelble, der in Backnang eine bedeutende Firma zur Herstellung von Baumaschinen und Dieselmotoren besaß. Diese Verbindung erwies sich rund zehn Jahre später als wichtiger Wegbereiter für den Einstieg Allgaiers in das Traktorengewerbe. Denn Kaelble hatte bereits in den Jahren vor Ausbruch des Krieges mit eigenen Traktoren experimentiert, sodass sich Kaelble dem Vorhaben Allgaiers gegenüber aufgeschlossen zeigte.

Ebenfalls 1939 übernahm Erwin Allgaier die Leitung im Betrieb. Dieser musste, wie viele andere, in den Kriegsjahren für die Rüstung arbeiten, ein Umstand, der ihm nach 1945 zum Nachteil hätte gereichen können. Denn ihm drohte nun die Demontage durch die Amerikaner. Doch es kam anders.

Traktoren zur Steigerung des Ertrags nach dem Krieg

Allgaier durfte bereits im Herbst 1945 wieder seine Produktion anlaufen lassen. Zu dieser Zeit schwebte ihm allerdings zusätzlich ein anderes Projekt vor. Denn er erkannte den Motorisierungsbedarf der Landwirtschaft, ohne den diese die notwendigen Ertragssteigerungen nach dem verheerenden Krieg und den vielen dazugekommenen Flüchtlingen nicht würde leisten können. In seinem Schwiegervater hatte er einen verständigen und gleichzeitig idealen Partner, denn dieser war in der Lage, in seiner Firma einen geeigneten Motor für den geplanten Ackerschlepper entwickeln zu lassen.

Bereits im folgenden Jahr zeigte die Zusammenarbeit von Allgaier mit Kaelble Früchte: Mit dem R 18 (R für »Robust«) wurde der erste

Das Logo auf der Kühlhaube der Traktoren von Allgaier-Porsche.

Mit dem R 18 von 1946 begann Allgaier die Herstellung von eigenen Traktoren.

Bereits in Rot lackiert: das Einstiegsmodell A 12 von 1952. (Foto: W. Leiter, © CC-BY-SA 3.0)

Der A 22 war vielseitig verwendbar und erschien zwischen 1950 und 1953 in hoher Zahl.

18 PS starke Prototyp eines Allgaier-Schleppers fertig, ausgerüstet mit selbstentwickeltem Viergang-Getriebe und einem Einzylinder-Dieselmotor von Kaelble mit Verdampfungskühlung. Die Konstruktion war sehr einfach, aber solide; die Serienfertigung konnte bald beginnen. Der R 18 richtete sich an Kleinbauern und kam bei diesen so gut an, dass 1950 bereits 1000 Traktoren verkauft waren. Um dem Wunsch nach stärkeren Schleppern nachzukommen, brachte Allgaier 1949 den R 22 auf den Markt, der preiswerter als vergleichbare Konkurrenzprodukte war und bereits ein Jahr später als A 22 (»A« für »Allgaier«) mit Motorverkleidung erschien. Ein weiteres starkes Argument, das die Kundschaft für den A 22 einnahm, war seine Verwendbarkeit mit verschiedenen Anhängegeräten durch einfaches Zwischenstecken diverser Kupplungsstücke. Weil der Verkauf gut lief, folgten weitere Modelle unterschiedlicher PS-Stärken, darunter auch der A 40 mit einer Leistung von 40 PS.

Ein »Volksschlepper« von Porsche

Während die A-Serie mit Motoren von Kaelble noch lief und weiterentwickelt wurde, ergab sich für Allgaier ein neuer Glücksfall. Es bot sich ihm nämlich die Gelegenheit, die Lizenz der Konstruktionsunterlagen zum »Volksschlepper« von Ferdinand Porsche zu erwerben, der in den 30er Jahren schon den Volkswagen konstruiert hatte. Porsche hatte nämlich damals bereits einen beinahe serienreifen Schlepper mit einer ganzen Reihe an technischen Besonderheiten entwickelt. Weil seine Mittel jedoch nicht dafür aus-

Nur ein Jahr lang gebaut wurde der 24 PS starke A 24, nämlich von 1952 bis 1953.

AP 17 war die Bezeichnung des ersten von Allgaier und Porsche gemeinsam entwickelten Schleppers. (Foto: Raizy, © CC-BY-SA 3.0)

Mit 40 PS der stärkste Traktor der A-Serie: A 40.

reichten, nach dem Krieg sowohl Sportwagen als auch Traktoren zu entwickeln, gab er die Konstruktion ab – an Allgaier.
Unter der Bezeichnung AP 17 (Allgaier-Porsche) brachte Allgaier 1950 eine in Zusammenarbeit mit Porsche weiterentwickelte Version dieses Volksschleppers auf den Markt – und diese geriet zur Sensation. Die unerwartet vielen Bestellaufträge machten es erforderlich, nach einer neuen Fertigungsanlage Ausschau zu halten. Allgaier fand sie in dem ehemaligen Dornier-Werk in Friedrichshafen.
Der AP 17 und seine Nachfolger waren nicht mehr wasser-, sondern luftgekühlt, was sie leichter und temperaturunempfindlicher machte sowie ihren Wasserbedarf senkte. Ausgestattet mit einer Ölreinigungszentrifuge benötigte der AP 17 kaum noch einen Ölwechsel. Zusätzlich war die Spur des Traktors verstellbar. Eine weitere Innovation stellte der erstmals serienmäßig eingebaute elektrische Anlasser dar. Trotz dieser und weiterer technischer Besonderheiten bot Allgaier den Schlepper preiswerter an, als es die Konkurrenz vermochte – der Erfolg war vorprogrammiert.
Noch im Verlauf des Jahres 1952 startete Allgaier – wieder in Kooperation mit Porsche – eine dritte Schlepper-Reihe. Die Bauteile der Modelle A 111 (12 PS) und A 133 (33 PS) waren nun standardisiert und austauschbar. Zur Erhöhung ihrer Lebensdauer trug die ölhydraulische Strömungskupplung von Voith bei. Äußerlich gab es ebenfalls Veränderungen: die neue Serie hatte eine schnittige

Allgaier Diesel im schnittigen Porsche-Design. (Foto: Raizy, © CC-BY-SA 3.0)

(Fotos oben und unten: Sammlung Gebhardt)

neue Motorhaube sowie eine »Wespentaille« verpasst bekommen. Der A 133 wie auch der noch stärkere A 144 (44 PS) richteten sich im Gegensatz zu den meisten bisher gebauten Traktoren Allgaiers an größere landwirtschaftliche Betriebe.

Ausstieg eines Erfolgreichen

Allgaier befand sich mit seinen Schleppern auf der Erfolgsspur. Er gehörte mittlerweile zur Spitzengruppe der Traktorenhersteller. Und das schien noch eine Weile so weiter zu gehen. Als schließlich eine Monatsproduktion von 1000 Traktoren erreicht war und die Nachfrage weiter stieg, war die Belastungsgrenze des schwäbischen Betriebs erreicht. Allgaier hätte nun kräftig in den Ausbau seiner Produktionsmittel investieren müssen, doch er misstraute wohl dem weiteren Aufschwung auf dem Traktorenmarkt.

Statt ein in seinen Augen unkalkulierbares Risiko einzugehen, beobachtete Allgaier die aufblühende Automobilindustrie, aus der er mittlerweile viele Aufträge für seinen eigentlichen Kern-Geschäftsbereich erhielt – der Werkzeugherstellung. 1955 fiel deshalb die Entscheidung – Allgaier trennte sich von seiner Traktorensparte. Diese wurde stattdessen der ein Jahr später von Mannesmann gegründeten Firma »Porsche-Diesel-Motorenbau GmbH« übergeben und von dieser in Friedrichshafen fortgeführt.

Im Nachhinein betrachtet, war diese Entscheidung vermutlich recht weise. Denn während Allgaier auf dem Gebiet der Werkzeugherstellung für die Automobilindustrie sehr erfolgreich werden sollte, geriet nur wenige Jahre nach seinem Ausstieg aus der Schlepperherstellung die Branche der Traktorenbauer in eine erste schwere Krise, hervorgerufen durch Marktsättigung und ein geändertes Kaufverhalten der Kunden, an der viele Mitbewerber bereits scheiterten (Porsche-Diesel war hier keine Ausnahme). Und selbst diejenigen, die länger durchhielten, mussten doch irgendwann entweder aufgeben oder mit stärkeren Partnern fusionieren – oftmals unter Verlust des eigenen Namens.

So gelang Allgaier ein seltenes Kunststück: Er stieg aus auf dem Gipfel des Erfolges.

Mit charakteristischem Hauben-Design: A 133 mit 33 PS.

BAUTZ

Die Firma Bautz aus dem oberschwäbischen Saulgau begann erst nach dem Zweiten Weltkrieg mit der Herstellung von Schleppern. Dennoch konnte sie zu diesem Zeitpunkt bereits jahrzehntelange Erfahrung auf dem Gebiet der Landwirtschaftstechnik durch den Bau ihrer Erntemaschinen vorweisen.

Der von Zanker aus Tübingen für Bautz gelieferte 14-PS-Schlepper B 14 AS überbrückte die Zeit bis zum ersten eigenen Bautz-Traktor. (Foto: W. Leiter, © CC-BY-SA 3.0)

Der erste Schlepper aus eigener Entwicklung war der AS 120 mit anfangs 12, später 14 PS Leistung.

Von der Hammerschmiede zum Erntemaschinenhersteller

Im Jahr 1877 kaufte Josef Bautz in der kleinen Gemeinde Lochhammer in Oberschwaben eine Hammerschmiede. In den 1880er Jahren ergänzte er seinen Geschäftsbereich mit dem Verkauf und der Reparatur von amerikanischen und englischen Landwirtschaftsgeräten. Weil er das Verbesserungspotential dieser Erntehelfer vor allem für die hiesigen Verhältnisse erkannte, begann Bautz ab 1893 erfolgreich mit der Konstruktion eigener Erntemaschinen.

Das Geschäft mit den selbstproduzierten Grasmähern und Heuwendern lief so gut, dass die Lochhammer Schmiede bald zu klein wurde und Bautz dringend eine größere Produktionsstätte finden und beziehen musste. Sein Sohn Josef Bautz junior wurde 1909, ein Jahr nach dem Tod des Firmengründers, in einer Maschinenfabrik in Saulgau, nahe der schwäbisch-bairischen Grenze, fündig. Neben dem Umfang der Produktion konnte nun zusätzlich die Angebotspalette erweitert werden. Aus der ehemaligen Maschinenfabrik war somit ein Erntemaschinenwerk geworden.

Bautz profitierte von der Aufschwungphase der Landwirtschaftstechnik zu Beginn der 20er Jahre und wandelte sich 1922 zur Aktiengesellschaft. Dennoch blieb das Unternehmen nicht von den wirtschaftlichen Turbulenzen dieses Jahrzehnts verschont und musste im Laufe dieser Jahre viele Mitarbeiter entlassen. Ende 1926 wurde der Betrieb sogar für kurze Zeit geschlossen. Doch die Nachfrage nach Erntemaschinen zog schließlich wieder an und brachte Bautz wieder auf die Erfolgsspur, bis die Große Depression 1929 das Unternehmen erneut in die Krise stürzte.

Bautz nutzte diese Zeit, um seine Fertigungsmaschinen zu modernisieren, sodass man in der Lage war, ein breites und fortschrittliches Angebot an Erntemaschinen anzubieten. Auch aufgrund dieser Modernisierungsmaßnahmen stellte sich in den 30er Jahren der wirtschaftliche Erfolg erneut ein und die Mitarbeiterzahl wuchs wieder an.

Der erste Prototyp eines Ackerschleppers

1936 erwarb Bautz in Großauheim bei Hanau eine Halle, die zunächst vor allem für die wichtige Bindemäherproduktion verwen-

Der erfolgreiche Bautz AS 120 wurde Ende der 50er Jahre umbenannt in AW 120; W stand für Wasserkühlung. (Foto: W. Leiter, © CC-BY-SA 3.0)

AL 122 war die Bezeichnung für die luftgekühlte Variante des Bautz AS 122.

det werden sollte. Doch zu dieser Zeit hatte die Einführung von Traktoren das Landwirtschaftsgewerbe bereits so sehr verändert, dass nun Bautz erwog, auf diesem Gebiet selber tätig zu werden, eigene Schlepper auf den Markt zu bringen und sich so ein zweites Standbein neben den Erntemaschinen zu schaffen. Dazu hätte die neue Halle eine wichtige Voraussetzung geboten.

1940 entstand dann tatsächlich ein erster Traktor-Prototyp mit Viergangschaltung, bei dem die meisten Teile aus eigener Herstellung stammten. Der wassergekühlte Motor hingegen wurde von den Motorenwerken Mannheim (MWM) bezogen.

Der bereits ausgebrochene Zweite Weltkrieg bereitete diesen Experimenten allerdings ein Ende, denn der Bautz-Traktor schaffte es nicht, in den Typenbegrenzungsplan der braunen Machthaber aufgenommen zu werden, was die Voraussetzung gewesen wäre, um während der Kriegsjahre weiter gebaut und fortentwickelt werden zu können. Stattdessen musste Bautz nun in seinem Großauheimer Werk für die Rüstung produzieren. In Saulgau dagegen wurde die Herstellung von Erntemaschinen fortgesetzt, allerdings nicht ausschließlich, denn in Saulgau wurde ebenfalls für die Rüstung gearbeitet: das Reichsluftfahrtministerium ließ hier ab 1943 Teile für die V2-Raketen herstellen.

Einstieg in die Traktorenproduktion

Das Werk in Großauheim wurde durch Luftangriffe und den Einmarsch der Amerikaner stärker in Mitleidenschaft gezogen als das Saulgauer Werk. Während Ersteres zunächst den Amerikanern als Reparaturwerkstatt diente und erst im Verlaufe von zehn Jahren an Bautz vollständig zurückgegeben wurde, konnte in Saulgau nach den ersten Nachkriegswirren wieder die Produktion von Erntemaschinen aufgenommen werden. Auch setzte hier Bautz die durch den Krieg unterbrochene Entwicklung eines eigenen Schleppers fort.

Weil ein erster Prototyp 1948 sich als noch zu unausgereift erwies, Bautz aber sich sputen musste, um noch in das aufkeimende Geschäft mit Traktoren einsteigen zu können, kaufte die Firma die Konstruktionspläne eines Kleinschleppers der Tübinger Firma Zanker auf. Diese hatte als Branchenfremde ihre Eigenentwicklung nur schlecht selber vermarkten können. Unter der Bezeichnung B 14 AS überbrückte dieser Traktor die Zeit bis zur ersten Eigenentwicklung von Bautz.

Um die Jahreswende 1949/50 war es dann so weit: Der Bautz AS 120 wurde der Öffentlichkeit vorgestellt. Die Saulgauer hatten soviel wie möglich selber entwickelt, darunter das Viergang-Getriebe, lediglich den Zweizylinder-Motor lieferten – wie schon beim allerersten Prototyp von 1940 – die Motorenwerke Mannheim. Mit diesem kleinen 12-, später 14-PS-Schlepper gelang Bautz sein größter Verkaufserfolg auf dem Gebiet der Traktoren. Mehr noch: der AS 120 wurde zum Synonym für Bautz-Ackerschlepper. Mit ihm begann sich das Haupttätigkeitsgebiet der Firma von Erntemaschinen weg zum Schlepperbau hin zu verschieben. Trotz weiterer Modellreihen wurde der AS 120 bis Ende der 50er Jahre hergestellt und war genauso im Ausland gefragt.

Obwohl die Bautz-Traktoren eher durch solide Zuverlässigkeit, weniger durch Innovationen glänzten, fand sich das Unternehmen

Der Bautz AL 180 leistete 18 PS und verließ von 1956 bis 1959 die Werkshallen.

zeitweise unter den ersten zwölf Herstellerfirmen in der deutschen Zulassungsstatistik. Nach dem Zwischenspiel der weniger beliebten Konfektionsschlepper AS 170 und AS 220, deren Bauteile von verschiedenen Herstellern stammten, präsentierte Bautz Mitte der 50er Jahre seine neuen Eigenentwicklungen AS 180 und AS 240. Letzteres Modell war mit 24 PS der stärkste Bautz-Traktor überhaupt.

Verzicht auf leistungsstarke Eigenentwicklungen

Mit modernem Design und einer aufsehenerregenden Lenkradschaltung ausgestattet, erneuerte Bautz 1956 seine gesamte Schlepper-Palette. Während der schwächere Bautz 200 nicht so gut lief, erwies sich der Bautz 300 mit seinen 20 PS abermals als Verkaufserfolg. Hier wirkte sich bereits die mittlerweile veränderte Kundennachfrage nach stärkeren Traktoren aus, welche die leistungsschwächeren mit zunehmender Nichtbeachtung bestrafte. Die gesamte Branche war zum Ende des Jahrzehnts in eine Absatzkrise geraten. Weil Bautz befürchtete, leistungsstärkere Traktoren selber nicht zu einem konkurrenzfähigen Preis bauen

Der Bautz 200 konnte als Ersatz für Traktoren der AS-Reihe nicht überzeugen.

Der 20 PS starke Bautz 300 verkaufte sich glänzend.

(Fotos Mitte und unten: Sammlung Gebhardt)

Der Zusammenarbeit von Bautz mit HELA entsprang dieser Traktor der Anfangsechziger, bestimmt vor allem für den Export. (Foto: Joost J. Bakker, © CC-BY-SA 2.0)

Mit Traktoren der Marke Nuffield ergänzte Bautz sein Schlepper-Angebot gegen Ende der 50er Jahre. (Foto: W. Leiter, © CC-BY-SA 3.0)

zu können, deckte man diesen Bereich ab 1958 mit dem Lizenzverkauf von englischen Nuffield-Traktoren ab. Diese jedoch wurden ungeachtet ihrer Qualität von den deutschen Landwirten eher misstrauisch beäugt und infolgedessen nicht sehr häufig gekauft. Zu Beginn der 60er Jahre versuchte Bautz deshalb eine Kooperation mit der Hanomag AG. Wieder war Bautz für die leistungsschwächeren, Hanomag für die stärkeren Traktoren zuständig. Doch auch diese Zusammenarbeit lief nicht so wie gewünscht. Ebenfalls nur kurzfristigen Bestand hatte die Kooperation mit HELA. Hatten anfangs die Erntemaschinen von Bautz die zunehmenden Verluste auf dem Schleppermarkt noch auffangen können, gelang dies nun nicht mehr. 1963 verkündete Bautz deshalb das Ende seiner Traktorenherstellung.

Ungeachtet dessen lief die Produktion der Erntemaschinen-Sparte noch einige Zeit weiter. Im Jahr 1969 übernahm dann die Firma Claas zusammen mit der Saulgauer Werkstätte die weitere Herstellung der Bautz-Erntemaschinen, die in das eigene Claas-Programm eingegliedert wurden. Damit hatte Bautz als eigenständige Firma aufgehört zu bestehen.

BUNGARTZ

Everhard Bungartz, 1900 in Köln geboren, war promovierter Physiker und hatte eine gute und sichere Anstellung beim seinerzeit weltgrößten Chemieunternehmen I.G. Farben. Mit diesem eingeschlagenen Lebensweg hätte er eigentlich zufrieden sein können, wenn da nicht sein Schwiegervater eine ganz besondere Idee gehabt hätte.

Bungartz baut den »Butz«

Dieser Schwiegervater des jungen Mannes aus Köln, Hugo Asbach und Besitzer einer Weinbrennerei, war zu Beginn der 30er Jahre von den Automobilkonstruktionen eines gewissen Josef Ganz sehr angetan. Ganz war ein deutsch-jüdischer Ingenieur mit ungarischen Wurzeln und hatte sich bereits mit den Entwürfen vieler Kleinwagen einen Namen gemacht, unter diesen beispielsweise der »Gutbrod Superior« oder der »Adler Maikäfer«. In dessen jüngster Kreation sah Asbach eine gute Geschäftsmöglichkeit und davon vermochte er seinen Schwiegersohn Bungartz zu überzeugen.

Unter dem Namen »Butz« produzierte ab 1934 das neugegründete Unternehmen »Bungartz & Co.« – Everhard hatte seine Anstellung bei I.G. Farben unterdessen gekündigt – den neuen Kleinwagen von Josef Ganz unter Lizenz in einer – dank Asbachs finanzieller Unterstützung – frisch bezogenen Werkstatt in München. Doch von dem zweisitzigen Cabrio wurden nur wenige Exemplare hergestellt, eine Serienfertigung kam nie zustande. Der einfallsreiche Josef Ganz, dessen mögliche Beiträge zum Ur-Volkswagen von ihm zeitlebens konstatiert, aber nie richtig geklärt werden konnten, musste wegen der Machtergreifung der Nationalsozialisten schon bald Deutschland verlassen.

Ein Bungartz-Einachser im Fräseinsatz in einer Baumschule des Jahres 1957. (Foto: Bundesarchiv, Bild 183-46805-0002 / CC-BY-SA, © CC 3.0)

Neue Geschäftsfelder mit Bodenfräsen, Motorhacken und Einachsschlepper

Als sich der »Bungartz Butz« nicht zum gewünschten Erfolg entwickelte und mit der Flucht von Ganz aus Nazi-Deutschland auch der Konstrukteur abhanden gekommen war, sah sich die neue Maschinenfabrik nach alternativen Geschäftsmöglichkeiten um. Die Chance, auf einem ganz anderen Gebiet tätig zu werden, bot sich, als die Firma Siemens ihre Bodenfräsenproduktion los werden wollte. Bungartz kaufte die Patente 1935 auf und stellte von da an Siemens-Bodenfräsen für den Garten- und Landschaftsbau her. Außerdem übernahm der Betrieb noch die zugehörigen Vertretungen sowie die Ersatzteilversorgung für das neue Produkt.

Bungartz beließ es aber nicht beim Nachbau der erworbenen Konstruktion von Siemens, sondern entwickelte eine eigene Version dieses Gerätes. Im Jahr 1937 erweiterten die Münchner ihr Angebot um Motorhacken, die u. a. als Spatenersatz und zur Auflockerung des Bodens verwendet wurden.

Weil Bungartz von Anfang an eine gute Konstruktionsabteilung unterhielt, überzeugten die qualitativ guten Erzeugnisse und fanden

Mit Beginn der 50er Jahre produzierte Bungartz auch Vierradschlepper. (Foto: © Ralf Weinreich)

Bildete den Einstieg von Bungartz in das Nachkriegsgeschäft: der Einachser U 1. (Foto: Miep, © CC-BY-SA 3.0)

nicht nur im Inland, sondern auch zunehmend im Ausland ihre Käufer. Selbst noch zu Beginn des Zweiten Weltkrieges konnte unter schwierigen Ausfuhrbedingungen die immer noch vorhandene Nachfrage in anderen Ländern bedient werden.
Bungartz durfte den ganzen Krieg hindurch weiterproduzieren und fertigte bis zum Zusammenbruch des Dritten Reichs ungefähr 10.000 seiner Gerätschaften, zu denen seit einiger Zeit die Gerätegruppe der Einachsschlepper hinzugekommen war. Diese Einachser, hinter denen ihre Benutzer bei der Bedienung herlaufen mussten, kamen gleichermaßen in der Landwirtschaft wie im Gartenbau zum Einsatz.

Expansion mit Vierradschleppern

Das Werk in München hatte von den Bombenangriffen während des Krieges starke Schäden davongetragen, wurde aber mit Friedensbeginn schnell wieder soweit hergerichtet, dass die Fertigung der Bodenbearbeitungsgeräte von Bungartz noch im Jahr 1945 fortgesetzt werden konnte.
Drei Jahre später brachte der Betrieb mit dem 11 PS starken U 1 seinen ersten größeren, vielfältig einsetzbaren Einachser auf den Markt und stellte alles, inklusive anbaubarer Zusatzgeräte, selber her.
Bungartz schloss rasch an seinen Vorkriegserfolg an, das Geschäftsaufkommen weitete sich aus und mit ihm die Zahl der Angestellten. Weil vor allem in Ländern wie Südafrika, Süd- und Mittelamerika, aber auch im Mittelmeerraum eine hohe Nachfrage nach den Geräten der Münchner Firma bestand, ging eine große Zahl ihrer Produkte in den Export.
1953 unternahm Bungartz den nächsten größeren Schritt. Nach den Testexemplaren T1 und T2 erschien mit dem T3 der erste Vierradtraktor der Münchner und ging in Serie. Der kleine Schlepper war wahlweise mit einem 11-PS-Petroleummotor aus eigener Entwicklung ausgestattet oder alternativ mit einem 14 PS leistenden Dieselaggregat der Firma Stihl. Wiederum bot Bungartz mögliche Zusatzgeräte für das Fahrzeug gleich selber an. Als Besonderheit verfügte der T3 über eine 90-Grad-Lenkung, dank der es praktisch auf der Stelle drehen konnte und deshalb im Gartenbaubereich ebenfalls einsetzbar war.
Das gutgehende Geschäft verlangte nach einer zweiten Werkshalle, die 1958 gebaut wurde und die Ausweitung der Schlepperproduktion mit den Modellen T5, T6 und T7 gestattete, deren Leistungen zwischen 12 und 34 PS lagen. Zu den Exportländern gehörte mittlerweile sogar die USA.

Produktionsverlagerung nach Hornbach

Teuer zu stehen kam das Unternehmen der Versuch, gemeinsam mit dem Motorenlieferanten Hatz den T5 in Brasilien etablieren zu wollen. Dieser Misserfolg, gepaart mit den veränderten Bedingungen eines schrumpfenden Marktes, einer unrentabel gewordenen Zahl an Schlepperneuzulassungen bei gleichzeitig rückläufigen Verkäufen an Bodenfräsen zu Beginn der 60er Jahre, veranlassten Bungartz 1965, sich mit der Baumaschinenfabrik Karl Peschke zusammenzutun. Bungartz verkaufte seine Münchner Werkstätten und verlagerte die Fertigung der neuen Firma »Bungartz & Peschke GmbH Co. KG« ins pfälzische Hornbach.
Da man mit den Großen der Traktorbranche nicht mithalten konnte, spezialisierte sich das Unternehmen auf die Herstellung von kleinen Spezialschleppern für Gartenbau und Reihenkulturen. Motorhacken und Einachsschlepper bereicherten nach wie vor ebenfalls das Portfolio des Maschinenbauers.
Die neuen Kleintraktoren T8 und T9 verkauften sich bis zum Ende des Jahrzehnts bestens. Der T8 war dabei eigentlich eine Lizenzfertigung des Mitbewerbers Dexheimer, der keine Kapazitäten zum Bau des Spezialschleppers mehr frei hatte und ihn deshalb bei Bungartz & Peschke fertigen ließ.
Selbst für den kommunalen Bereich, etwa der Reinigung von Parks und Sportplätzen, hatte Bungartz & Peschke ein Fahrzeug im Angebot, nämlich den Kommutrac, der ab Mitte der 70er Jahre von Gutbrod weitergebaut und -entwickelt wurde. Denn zu diesem Zeitpunkt gingen die Lichter in der Hornbacher Firma aus. Die Verkäufe waren nach den letzten Erfolgen des Jahres 1969 massiv eingebrochen, eine Besserung nicht mehr in Sicht. Die Traktoren wurden daraufhin an Gutbrod verkauft, die Ersatzteilversorgung übernahm der Holter Maschinenhandel, der bis zu Beginn der 90er Jahre zusätzlich noch einen der kleinen Einachsschlepper, den F6, weiterproduzierte.

Der Spezialschlepper T9-DA50 der neu fusionierten Firma Bungartz & Peschke.

CLAAS

Traktoren sind sicherlich nicht das Erste, was einem beim Namen Claas in den Sinn kommt, denn mit diesem Produkt rundete der Landmaschinenhersteller aus dem westfälischen Harsewinkel erst zu Beginn des 21. Jahrhunderts seine Produktpalette ab. Als Hersteller von Mähdreschern und Strohbindern dagegen erlangte das Unternehmen Weltgeltung.

Der Xerion 5000 erschien 2011. Wie seine Modellbrüder wurde dieser 487 PS starke Traktor auf harte und lange Einsätze ausgelegt. (Foto: © Claas KGaA)

Vom Strohbinder zum Mähdrescher

Im Jahr 1887 stellte der gelernte »Tierheilkundige« Franz Claas in Clarholz/Westfalen eine selbstkonstruierte Zentrifuge zur Entrahmung von Milch her. Dieses Gerät sollte bei kleineren Landwirtschaftsbetrieben zur Anwendung kommen. Seine Serienfertigung führte 15 Jahre später zur »Centrifugenfabrik Franz Claas«. Um den Lebensunterhalt für seine Familie bestreiten zu können, reparierte Claas außerdem Landmaschinen, betrieb eine Säge- und Getreidemühle und verdingte sich mit einer Reihe von Angestellten als Lohndrescher.

1913 gründete der zweitälteste Sohn August einen eigenen Betrieb, an dem sich nach Ende des Ersten Weltkriegs seine drei Brüder ebenfalls mitbeteiligten. Die »Gebrüder Claas« zogen in ein aufgekauftes, altes Hartsteinwerk nach Harsewinkel um und widmeten sich dort der Herstellung und Reparatur von Strohbindern. Nur wenige Jahre später, zu Beginn der 20er Jahre, gelang Claas hier mit dem patentierten »Knoter« der entscheidende Durchbruch, der grundlegend für den weiteren Aufstieg des Familienunternehmens wurde.

Dieser selbstentwickelte Strohbinder, der bald die Konkurrenzprodukte vom Markt verdrängte, machte Claas bekannt, deshalb zierte lange Zeit eine grafische Stilisierung des »Knoter« das Firmenemblem. Im Laufe der Jahre und Jahrzehnte wurde dieser Strohbinder ständig weiterentwickelt.

Strohbinder waren wie stationäre Dreschmaschinen Teil der Versuche, durch Mechanisierung die mühevolle Arbeit der Getreideernte zu vereinfachen, den Zeitbedarf zu verkürzen und gleichzeitig die Erträge zu erhöhen. Im Verlaufe der vorangegangenen rund 135 Jahre waren in Europa und Amerika solche und weitere Maschi-

↑ Der Arion 420 – hier vorne und hinten mit Erntegeräten bestückt – erschien 2009, leistete 105 PS und erreichte eine Höchstgeschwindigkeit von 40 km/h. (Foto: © Claas KGaA)

← Von Renault übernommen: der Ares 577 leistete stolze 124 PS. (Foto: © Claas KGaA)

nen entstanden, welche die bislang von Menschenkraft verrichteten Arbeitsschritte des Getreidemähens, -dreschens und -bindens übernehmen sollten. Bei der Realisierung des Ansinnens, alle diese Schritte in einem einzigen mobilen Gerät zu vereinen, waren Amerikaner und Australier führend. Doch für die kleinräumigen Verhältnisse in Deutschland und Europa waren diese frühen Mähdrescher-Giganten nicht geeignet.

Zu Beginn der 30er Jahre griff Claas deshalb diese Problematik auf und fing an, mit eigenen Mähdrescher-Entwicklungen zu experimentieren, die auf die Verhältnisse in Deutschland zugeschnitten waren. Der erste Versuch sah eine Konstruktion mit einem Lanz-Bulldog im Zentrum vor, um den herum eine Mähdrescheinrichtung befestigt wurde. Dieses Gerät konnte jedoch noch nicht über-

↑ Die Traktorreihe Claas Arion ersetzte ab 2007 die Ares-Serie. (Foto: © Claas KGaA)

→ Der 175 PS starke Claas Arion 640 beim Pflügen. (Foto: © Claas KGaA)

↘ Der Axion 840 stellte eines der ersten selbstentwickelten Traktoren-Modelle von Claas dar. (Foto: © Claas KGaA)

zeugen. Aus diesem Grunde stellte Claas 1936 eine Version vor, die von einem Traktor gezogen werden musste. Der »Mäh-Dresch-Binder« (MDB) war der erste Mähdrescher Europas und vereinigte auf überzeugende Weise die verschiedenen Arbeitsschritte der Getreideernte in einem Arbeitsgang. Er wurde von 1937 bis zur Produktionseinstellung im Kriegsjahr 1942 rund eineinhalbtausendmal gebaut. Eine Anzahl dieses Mähdreschers hatte es sogar ins europäische Ausland geschafft.

Claas wird europaweiter Marktführer bei Mähdreschern

Wenngleich Claas bis zum Ende des Zweiten Weltkriegs für die Rüstung arbeiten musste, entwickelten die Brüder nebenher ihren Mähdrescher weiter, von dessen zukünftigem Erfolg sie fest überzeugt waren. Auf diese Weise entstand das Modell »Super«. Dieser Mähdrescher versprach eine noch höhere Leistungsfähigkeit und begann seinen Siegeszug ab 1946. Bis 1978 gefertigt, wurde kein anderer Mähdrescher in Europa öfter verkauft.

Zu Beginn der 50er Jahre brachte Claas mit dem »Hercules« – aus markenrechtlichen Gründen bald umbenannt in »SF« (Selbstfahrer) – den ersten Mähdrescher Deutschlands auf den Markt, der sich aus eigener Motorkraft fortbewegen konnte. Dieser Selbstfahrer

befreite den als Zugmaschine eingesetzten Traktor nicht nur für andere Aufgaben, er räumte auch mit den häufig anzutreffenden Nachteilen von gezogenen Mähdreschern auf, die oft unter den nicht passgenauen Traktoren (z. B. wegen zu schwachem Motor) litten. Aufgrund ihres hohen Anschaffungspreises dauerte es aber noch eine Weile, bis die Selbstfahrer sich durchsetzten. Der große Durchbruch für das Familienunternehmen aus Harsewinkel gelang genau mit dieser Art von Mähdrescher.

Claas profitierte vom Mähdrescherboom der 60er Jahre und entwickelte neben den Mähdreschern und Strohbindern nach der

←Der wassergekühlte Motor des 2011 vorgestellten Claas Axion 950 stellte 410 PS zur Verfügung. (Foto: © Claas KGaA)

↓260 PS leistete der ab 2007 produzierte Axion 850. (Foto: © Claas KGaA)

Die Traktorenmodelle Axos 320 mit 87 PS und Axos 340 mit 102 PS stellte Claas 2008 vor. Sie rundeten das Leistungsspektrum der Claas-Traktoren nach unten ab. (Foto: © Claas KGaA)

Übernahme von Bautz 1969 auch Futtererntemaschinen. Bereits drei Jahre zuvor war das typische grün-weiße Claas-Design entstanden. Mittlerweile hatte August Claas die Leitung der Firma seinem Sohn Helmut überantwortet.

Mit Zweigwerken in Deutschland und Europa, später auch weltweit, expandierte Claas und baute seinen wirtschaftlichen Erfolg aus. Erste finanzielle Schwierigkeiten musste das Unternehmen in den von Krisen durchzogenen 70er und 80er Jahren verkraften, die Claas auf dem weiteren Weg nach oben jedoch nicht aufhalten konnten.

Nach der Umwandlung der Firma in eine Kommanditgesellschaft auf Aktien (KGaA) Mitte der 90er Jahre, zog sich Helmut Claas aus der Unternehmensführung zurück.

Mit Renault-Traktoren zum Komplettanbieter

Einen ersten Schritt zum bisher fehlenden eigenen Traktor ging Claas mit dem 1997 herausgebrachten Systemtraktor »Xerion«. Mit vier Anbauräumen, Allradantrieb und -lenkung versehen, war dieses schwere 250/300-PS-Fahrzeug als Universalmaschine für große Landwirtschaftsunternehmen gedacht.

Im selben Jahr ging Claas ein Joint Venture mit der US-amerikanischen Firma Caterpillar ein, in dessen Rahmen Claas den »Challenger«-Raupenschlepper der Amerikaner in Europa vertrieb und Caterpillar seinerseits die Mähdrescher des deutschen Herstellers in den Staaten.

Der endgültige Einstieg in den Traktormarkt fand zu Beginn des neuen Jahrtausends statt. Zur Überraschung vieler übernahm

Der Schlepper Claas Elios mit Überrollbügel. (Foto: © Claas KGaA)

Zeigt sich ebenfalls bereits in den Claas-Farben: Celtis 436 RX, ursprünglich auch ein Renault-Modell.

Der Schmalspurschlepper Claas Nexos beim Einsatz in Reihenkulturen. (Foto: © Claas KGaA)

Der Claas Nectis war neben der Axion-Reihe der zweite selbstkonstruierte Traktor. (Foto: Eric Forget, © CC-BY-SA 2.0)

(Foto: © Claas KGaA)

↑Der Allrad-Systemtraktor Xerion 3300 leistete zwischen 305 und 335 PS. (Foto: © Claas KGaA)

←Den Xerion 3800 mit bis zu 344 PS Leistung brachte Claas 2007 auf den Markt. (Foto: © Claas KGaA)

Claas 2003 die Mehrheitsanteile am französischen Schlepperbauer Renault Agriculture. In den folgenden Jahren wurden weitere Anteile an den Franzosen erworben bis zu ihrer völligen Übernahme. Renault war der bedeutendste Traktorhersteller in Frankreich gewesen, hatte seine Fahrzeuge allerdings zum größten Teil nur innerhalb Frankreichs verkauft. Mit dem schrittweisen Aufkauf von Renault änderte sich dies, denn von nun an stand das weltweite Vertriebsnetz der deutschen Landwirtschaftsfirma zur Verfügung. Claas übernahm von Renault die Reihen »Ares«, »Atles«, »Ceres« und »Celtis«, die im Laufe der nächsten Zeit auf die grün-weißen Hausfarben von Claas umlackiert wurden. Die Ares-Reihe bestand aus drei Modellen mit Leistungen von 90 bis 195 PS, die Celtis-Rei-

↑Gleichermaßen Zugmaschine wie Systemtraktor: der Xerion 3800. (Foto: © Claas KGaA)

he verfügte über vier Modelle mit 72 bis 100 PS. Die drei Typen der Atles-Reihe waren leistungsstarke Traktoren von 232 bis 282 PS. Von Claas selbstentwickelt wurden 2004 der Schmalspurtraktor »Nectis« für den Obst- und Weinbau mit 56 bis 100 PS sowie der »Axion« ab 2006 mit Leistungen von 320 bis 410 PS. Der westfälische Landmaschinenbauer besaß nun Traktoren in allen Leistungs- und Anwendungsklassen und hatte sich damit zum Komplettanbieter im Landmaschinenbereich gemausert.
Seit 2008 gehört Renault Agriculture zu 100 Prozent Claas. Weitere Reihen, die danach vorgestellt wurden, hörten auf die Namen »Nexos« (Schmalspurschlepper, 72–101 PS), »Elios« (Schmalspurschlepper, 72–88 PS), »Arion« (Mittelklassetraktor, 100–150 PS) sowie »Xerion«, eine Weiterentwicklung des bereits eingeführten Systemtraktors, mit Leistungsspitzen von bis zu 524 PS.
Claas zählte zu Beginn des zweiten Jahrzehnts im 21. Jahrhundert mit zu den größten Landwirtschaftskonzernen in der Welt. Er war Weltmarktführer bei den Feldhäckslern, bei den Mähdreschern belegte er in Europa ebenfalls Platz 1, weltweit behauptete er sich in der Spitzengruppe neben den anderen Großen der Branche wie John Deere, der AGCO GmbH und Case New Holland. Zu den weiteren Produkten von Claas gehörten Futtererntemaschinen, Mähwerke und Rundballenpressen. Fast drei Viertel der Produkte gingen 2011 in den Export. Jenseits der Landwirtschaftstechnik betätigte sich das Unternehmen in den Bereichen Fertigungs- und Industrietechnik.

Vier gleich große Räder, eine hohe Leistung und die Möglichkeit, verschiedene Aufbauten zu verwenden, zeichnen die Systemtraktoren der Claas-Reihe »Saddle trac« aus. (Fotos: © Claas KGaA)

Macht durch seine Vielseitigkeit so manch andere Zusatzmaschine überflüssig: der allradgetriebene Xerion Saddle Trac. (Foto: © Claas KGaA)

DAIMLER-BENZ

Der Einstieg von Daimler-Benz in den Traktorbau fand in mehreren Anläufen statt. So richtig geklappt haben die ersten Versuche alle nicht – zumindest, soweit sie die Landwirtschaft betrafen. Der technisch fortschrittliche Dieselschlepper OE, in der Krise der endzwanziger Jahre geboren, fand kaum Käufer. Der zweite Einstiegsversuch allerdings führte zum innovativen Unimog, der weltweit ein Bestseller wurde. Bezeichnenderweise hat er sich jedoch hauptsächlich auf Gebieten jenseits des Landwirtschaftsbereichs durchgesetzt.

Trotz technischer Innovationen konnte Daimler-Benz mit dem Dieselschlepper OE keinen Erfolg landen. Der hohe Preis blieb ein Hindernis. (Foto: © Daimler AG)

Erste Motorpflüge und Schlepper von Daimler

Im selben Jahr, als die »Daimler-Motoren-Gesellschaft« sich für den Automobilbereich den Namen »Mercedes« schützen ließ, konnte sie einen ersten Erfolg auf einem ganz anderen Feld verbuchen, nämlich dem der Landwirtschaftsmaschinen: Mit ihrem Universal-Lokomobil gewannen sie 1902 den ersten Preis bei der »Deutschen Landwirtschafts-Gesellschaft« (DLG).

Doch nicht dampfbetriebene Lokomobile wiesen den Weg in die Zukunft, sondern Maschinen mit Verbrennungsmotoren. In Deutschland fanden deshalb einige Jahre später sogenannte Motortragpflüge hohe Verbreitung, deren Erfindung auf den Fabrikanten Robert Stock aus Berlin zurückging. Trotz ihrer Nachteile – sie eigneten sich nur zum Pflügen und waren wegen ihrer Ausmaße meist auf große Ackerflächen beschränkt – stiegen viele deutsche Hersteller zunächst auf diese Gerätegattung ein.

Noch vor Beginn des Ersten Weltkriegs präsentierte auch Daimler eine solche Maschine. Das über sechs Tonnen schwere Gefährt

Der Ackerschlepper OE existierte auch in einer Straßenschlepper-Version. Statt mit Greiferräder war diese mit Ganzmetallräder oder Luftreifen ausgestattet. (Foto: © Daimler AG)

hatte Daimler in den Grundzügen von Georg Wiss übernommen, dem Besitzer der ehemaligen »Süddeutsche Automobil-Fabrik« in Gaggenau, die mittlerweile zu »Benz & Cie« gehörte, und diese mit eigenen Motoren von 40 bis 80 PS Leistung ausgerüstet. Anders als übliche Motorpflüge wurde der von Daimler zu einem echten Schlepper weiterentwickelt, bei dem der angehängte Pflug gezogen wurde. Seine Produktion erfolgte im Werk Berlin-Marienfelde.
Zu Beginn der 20er Jahre stellte Daimler dann einen weiteren Pflugschlepper mit 3,5 Tonnen Gewicht vor, der das eingeschlagene Konstruktionsprinzip – den Pflug zog ein Schlepperfahrzeug – fortsetzte. Es entstanden bis 1924 zwei Modelle, Typ I und II, die über Vierzylinder-Benzinmotoren von 25 bis 45 PS Leistung verfügten. Typ II war, anders als der Vorläufer, mit drei statt vier Rädern versehen.

Benz landet einen Erfolg mit Dreiradkonstruktion

Nach dem Ersten Weltkrieg versuchte auch »Benz & Cie.« in die Herstellung von Landwirtschaftsfahrzeugen einzusteigen. Das erste Gefährt aus dem Jahr 1919 war bereits ein richtiger Traktor, wog vier Tonnen und wurde von einem 40-PS-Benzolmotor bewegt.
Ein entscheidender Schritt gelang Benz drei Jahre später mit der Präsentation des »Benz-Sendling-Dreiradschleppers«. Benz war eine Kooperation mit der Motorenfabrik »München-Sendling« eingegangen und hatte mit dieser gemeinsam das ungewöhnliche Gefährt entwickelt, welches anstelle eines Benzinmotors ein sparsames Dieselaggregat mit 25 PS Leistung an Bord hatte. In Serie ging der Dreiradschlepper 1923 als »Benz-Sendling Dreiradackerschlepper S7«. Die Leistung des Dieselmotors war auf 30 bis 32 PS erhöht worden.
Der Dreiradtraktor entwickelte sich zum Überraschungserfolg. Bis zum Beginn der 30er Jahre konnten mehr als 1000 Stück abgesetzt werden, und das, obwohl das Fahrzeug noch nicht in jeder Hinsicht ganz ausgereift war und Benz 1925 eine eindeutig verbesserte Alternative auf den Markt gebracht hatte – den vierrädrigen »Benz-Sendling-Dieselschlepper BK«. Dieser war die Antwort von Benz auf die erhöhte Umfallgefahr des dreirädrigen Schwestermodells. Benz hatte für den BK den 32/35-PS-Motor geliefert, das Fahrgestell steuerte die Komnick AG bei.
Doch trotz vieler technischer Verbesserungen blieben die neuen Vierrad-Traktoren hinter den Verkäufen des S7 deutlich zurück, die Kunden bevorzugten rätselhafterweise weiterhin die eigentlich unterlegenere Dreiradversion.

Der »Mercedes-Benz Dieselschlepper OE«

Als die neue, 1926 gegründete Firma »Daimler Benz AG« im Jahr 1928 einen Nachfolger für den Benz-Sendling-Traktor herausbrachte, waren die ökonomischen Rahmenbedingungen dabei, sich zu ändern, denn die Weltwirtschaftskrise stand vor der Tür und behinderte bald erheblich die Verkäufe des eigentlich aussichtsreichen, weil technisch fortschrittlichen und wegen seines Dieselantriebs auch sparsamen Fahrzeugs.
Neueinsteiger hatten es in den 20er Jahren ohnehin schwer, auf dem Schleppermarkt Fuß zu fassen. Tummelten sich doch Dutzende von oft kleinen und kleinsten Firmen hier. Als der »Mercedes-Benz Dieselschlepper OE« das Angebot an Traktoren um

Vom Mercedes-Benz Muli OE existieren weltweit nur noch drei Exemplare. Dieses hier steht im Auto- und Technikmuseum Sinsheim. Neben drei Vorwärts- und einem Rückwärtsgang besaß der Muli OE eine Verdampferkühlung.

ein weiteres Modell bereicherte, hatte sich die Zahl der Anbieter zwar deutlich gelichtet, aber auch die Bereitschaft der Kunden abgenommen, Experimente einzugehen. Die beginnende Weltwirtschaftskrise besorgte den Rest.

Dabei schienen die Untertürkheimer alles richtig gemacht zu haben. Das Modell OE orientierte sich an einem der beiden damaligen deutschen Marktführer, dem Lanz Bulldog (der zweite war Hanomag). In moderner Blockbauweise gefertigt, die für den Ackerbetrieb vorteilhafter war als die frühere Rahmenbauweise, besaß der OE einen Einzylinder-Dieselmotor mit Verdampfungskühlung, der 24, später 26 PS zur Verfügung stellte. In Exportmodellen für warme Länder ersetzte eine Umlaufkühlung die Verdampfungskühlung.

Als Universalschlepper konzipiert, eignete sich der Traktor für breite Aufgabenbereiche. Dank seiner Zapfwelle konnten viele Zusatzgeräte angeschlossen werden. Mit Riemenscheibe war er zudem als stationärer Antrieb für andere Maschinen verwendbar. Obwohl er äußerlich sehr seinem Lanz-Vorbild glich, war er keine bloße Kopie, sondern unterschied sich von diesem durch eine Vielzahl technisch fortschrittlicher Details. Außer als Ackerschlepper wurde er zusätzlich in einer Version für die Straße angeboten.

Ein Problem blieb sein Preis. Er war um rund 1000 Mark teurer als sein Konkurrent. Alle Versuche von Daimler-Benz, der Kundschaft das mittel- und langfristige Einsparpotential des OE dank seines Dieselmotors vor Augen zu führen, fruchteten nichts. Gerade in Krisenzeiten hielten sich die Landwirte zurück. So kam es, dass bis Anfang der 30er Jahre die Verkäufe immer weiter zurückgingen.

1933 stoppte Daimler-Benz die Produktion des Traktors. Bis dahin hatten lediglich 380 Exemplare einen Abnehmer gefunden. Erst knapp zwanzig Jahre später nahm das Unternehmen einen neuen Anlauf, im Landwirtschafts- und Traktorenbereich Fuß zu fassen.

Das »Universal-Motor-Gerät« trug in seinen ersten Versionen statt des Mercedes-Sterns ein Ochsenkopf-Logo. (Foto: © Daimler AG)

Unimog, das »Allzweck-Chamäleon«

Dabei hatte Daimler-Benz mit der eigentlichen Entwicklung des neuen Fahrzeugs anfänglich gar nichts zu tun. Vielmehr versuchte der ehemalige und nach dem Krieg arbeitslose Daimler-Flugmotorenkonstrukteur Albert Friedrich die Automobilindustrie von seiner

Nicht nur Männer fanden Gefallen am neuen Unimog, nachdem Daimler-Benz ihn unter seine Fittiche genommen hatte. (Foto: © Daimler AG)

Eine Vielzahl an möglichen Anbaugeräten verlieh dem Unimog eine hohe Flexibilität. (Foto: © Daimler AG)

Idee eines vielfältig einsetzbaren, völlig von der Bauart anderer Traktoren abweichenden Mitteldings zwischen einem allradgetriebenen Kleinlastwagen und eines Geräteträgers zu überzeugen, um so selber wieder Boden unter die Füße zu bekommen.
Doch nicht Autohersteller, sondern die branchenfremde Gold- und Silberwarenfabrik »Erhard & Söhne« fand an seinen Entwürfen Gefallen und war bereit, davon einige Prototypen anzufertigen.
Mehrere Versuchsmodelle des neuartigen »Universal-Motor-Geräts«, kurz »Unimog«, wurden gebaut und auf Herz und Nieren getestet. Obwohl Friedrich das Fahrzeug vor allem für die Land- und Forstwirtschaft geplant hatte, wies es so gar keine Ähnlichkeit mit anderen Schleppern auf. Der Grundaufbau des Unimog bestand aus einem Leiterrahmen mit Ladefläche, vier gleich großen Rädern, Portalachsen für hohe Bodenfreiheit und zuschaltbarem Allradantrieb – Voraussetzungen seiner hohen Geländegängigkeit.

Dieser Unimog fand bei der Feuerwehr Verwendung. (Foto: © Daimler AG)

Außergewöhnlich war das Konzept des Unimog: Vier gleich große Räder, Leiterrahmen mit Ladefläche, Allradantrieb und Portalachsen. (Foto: © R. Weinreich)

Winterdienst ohne Unimog ist kaum denkbar. (Foto: © R. Weinreich)

Auch als »Ersatzlokomotive« eignete sich der Unimog. (Foto: © R. Weinreich)

Außergewöhnliche Geländefähigkeit gehört seit jeher zu den besonderen Merkmalen des Unimog. (Foto: © Daimler AG)

1988 erschien der 84 PS starke Unimog U 900 der Baureihe 417. Als Motor kam ein wassergekühlter, direkteinspritzender Sechszylinder-Viertaktdiesel zur Anwendung. (Foto: © Sammlung Gebhardt)

Außerdem besaß es vorne eine Zapfwelle zum Anschluss von Zusatzgeräten wie Landmaschinen und hinten eine Anhänge-Vorrichtung zum Einsatz als Schlepper.

Mit diesen Eigenschaften hatte der Unimog weit mehr Möglichkeiten als herkömmliche Schlepper, denn er konnte zusätzlich als Arbeitsmaschine und Transporter verwendet werden. Weil Erhard & Söhne für eine größere Produktion des innovativen Gefährts zu klein war, fand ab 1948 eine solche bei der ebenfalls branchenfremden »Böhringer Werkzeugmaschinenfabrik« in Göppingen statt. Ausgerüstet mit einem Daimler-Motor, übertraf die Nachfrage nach diesem vom Start weg ausgereiften Vielzweckfahrzeug – für das bald Drittanbieter eine Vielzahl von Anbaugeräten entwickelten und so seine Verwendungsmöglichkeiten immer breiter gestalteten – schon nach drei Jahren die Möglichkeiten der Göppinger Firma.

Ab 1951 übernahm Daimler-Benz in Gaggenau die Produktion des Unimog und ersetzte das bisherige Ochsenkopflogo durch den Mercedes-Stern. Erstmals in Großserie produziert, konnte er nun seine erfolgreiche Karriere um die Welt starten. Bald schon fand das Gefährt Einsatz in vielen Gebieten jenseits der Landwirtschaft, so etwa in der Forstwirtschaft oder im Weinbau; spätere Weiterentwicklungen gestatteten die Verwendung in der Industrie sowie im gewerblichen und kommunalen Bereich. Nichts schien unmöglich für den Alleskönner, sofern er nur mit den richtigen Zusatzgeräten ausgerüstet wurde.

Mitte der 50er Jahre erweiterte der neue »Unimog S« aus der Bau-

Dieser Unimog U 416 DOKA mit Ladeschaufel und HIAB-Ladekran diente der Polizei als Räumfahrzeug. (Foto: © R. Weinreich)

Unimog S 404. (Foto: © R. Weinreich)

reihe 404 abermals die Verwendungsmöglichkeiten des Fahrzeugs. Das Militär war schon früher auf das äußerst geländegängige Gefährt aufmerksam geworden. Die Schweizer Armee war ebenso im Besitz von Unimog-Exemplaren der frühen Baureihen wie die französische und die britische Armee; die letzten beiden hatten Unimogs u. a. als Reparationsleistung erhalten.

Doch der neue »Unimog S« richtete sich als hochgeländegängiger Lkw direkt an die neue Klientel, obwohl er geradeso gut im zivilen Bereich eingesetzt werden konnte und wurde. Einer der größten Abnehmer des Unimog war von jetzt an die Bundeswehr, aber auch zahlreiche Armeen weltweit setzten auf ihn, beispielsweise als Mannschafts-, Funk- oder Sanitätswagen.

Im Laufe der Zeit entstanden auf dem Grundbauplan des Unimog unzählige Varianten mit Sonderausstattungen; er kam als Sattelzugmaschine ebenso zur Anwendung wie als Straßenschlepper oder Geräteträger. Seine Motorleistung erhöhte sich, entsprechend den Kundenwünschen, immer mehr. Als Mitte der 60er Jahre das Modellangebot des Unimog erstmals überarbeitet und zum Komplettangebot erweitert wurde, war man bereits bei über 80 PS angekommen; spätere Modelle boten bis zu 125 PS. Gleichzeitig konnte Daimler-Benz den Verkauf des 100.000sten Unimog feiern.

Und es gab noch weitere Gebiete, auf denen der Unimog glänzte. Dank seiner ausgezeichneten Geländegängigkeit gewann er nicht nur in den Achzigern die ersten Plätze bei der Rallye Paris-Dakar; zwanzig Jahr vorher war ihm zudem bereits die Durchquerung der Sahara in west-östlicher Richtung gelungen.

Mitte der 80er Jahre gab es von diesem Vielzweckfahrzeug mehr Varianten und Typen als jemals zuvor. Deshalb wurde zu Beginn des neuen Jahrtausends – zeitgleich mit dem Umzug der Her-

U 1300 2t gl KrKw. (Foto: © R. Weinreich)

U 1650 als Zweiwegefahrzeug für den Gleisbau. (Foto: © R. Weinreich)

stellung nach Wörth am Rhein – das ganze Programm auf den Prüfstand gestellt und das bisherige eine Basismodell durch zwei Basisversionen ersetzt, die jeweils ganz eigene Zielgruppen bedienen sollten: Das größere Grundmodell der Baureihe 437.4 war als »geländegängiger Geräteträger« konzipiert und bot erweiterte Anbaumöglichkeiten sowie die Fähigkeit, den Platz des Fahrers samt Lenkung und Pedalen von der linken auf die reche Seite zu verlagern (»VariPilot«). Die Baureihe 437.4, das größere Grundmodell, war ein »hochgeländegängiger Transporter«, der sich vor allem ans Militär und die Energiewirtschaft richtete, aber sich auch zur Waldbrandbekämpfung und anderes mehr eignete.

Die Idee eines solch vielfältigen Fahrzeuges war also voll aufgegangen und hatte sich weltweit zum Verkaufsschlager entwickelt. Nur eines war nicht eingetreten – der große Durchbruch auf dem Landwirtschaftssektor, für den der Unimog ursprünglich einmal gedacht war. Hier war die Konkurrenz durch andere Traktorenhersteller immer zu groß gewesen. Obwohl der Unimog immer noch im landwirtschaftlichen Bereich Verwendung findet, sind die Verkaufszahlen hier rückläufig und im Vergleich zu seinen sonstigen Einsatzgebieten – bei Gemeinden und Behörden, im gewerblichen und industriellen Bereich, in der Bau- und Energiewirtschaft sowie beim Militär – gering.

Aus diesem Grund wollte es Daimler-Benz Anfang der 70er Jahre doch noch einmal genau wissen, ob nicht mit einem speziell auf die Landwirtschaft zugeschnittenen Fahrzeug, auf Basis des Unimog, deutlichere Marktanteile zu ergattern waren – dem MB-trac.

Unimog U 2450 L TLF 24/48.

Unimog U 5000 Tanklöschfahrzeug mit Ziegler Aufbau.

Unimog 2150 L Zugmaschine für Rettungsboot. (Fotos: © R. Weinreich)

Wegen seiner universellen Verwendbarkeit greifen Straßendienste und Autobahnmeistereien gern auf den Unimog zurück. (Foto: © R. Weinreich)

Dieser Unimog wird samt Anhängern mit landwirtschaftlichen Produkten beladen. (Foto: © Daimler AG)

Mit dem Unimog U 20 der Baureihe 405 erneuerte Mercedes-Benz ab 2007 die Konzeption des Unimog. (Foto: © Daimler AG)

Ein weiterer Unimog U 20 der Baureihe 405, diesmal mit Vorbauschneepflug. (Foto: © Daimler AG)

DEUTZ

Eine besondere Rolle unter den Traktorenbauern fiel dem Kölner Motorenhersteller Deutz zu. Seine Erfindung des Viertakt-Verbrennungsmotors bedeutete nichts weniger als den Startschuss für die weltweite Motorisierung von Maschinen und Fahrzeugen aller Art. Darüberhinaus trieb er Entwicklung und Einsatz von Dieselaggregaten voran. In Deutschland half vor allem sein »Elfer-Deutz«-Bauernschlepper mit, all die vielen kleinen deutschen Bauernhöfe mit bezahlbaren Schleppern auszustatten. In der Boom-Zeit der 50er und 60er Jahre festigte Deutz für Jahre seine Marktführerschaft im Bereich der Traktorenproduktion in Deutschland.

Ein Kölner Stadtteil als Namensgeber

Die Gründung der kleinen Werkstatt »N. A. Otto & Cie.« im Jahr 1964 in der Kölner Altstadt durch den Kaufmann und Erfinder Nikolaus August Otto sowie den Ingenieur und Fabrikanten Eugen Langen sollte nicht nur für Deutschland Folgen haben. Zwar nannte sich der Betrieb nach dem Umzug in den Kölner Stadtteil Deutz (benannt nach einem ehemaligen Römerkastell, das hier den Zugang zur römischen Welt vor den Germanen gesichert hatte) »Gasmotorenfabrik Deutz AG«, doch nicht mit ihren Gasmotoren, sondern mit ihrem Viertakt-Verbrennungsmotor von 1876 veränderten sie wahrhaftig die Welt.

Zeitweilig hatten der aufstrebenden Kölner Firma Gottlieb Daimler und Wilhelm Maybach als Mitarbeiter angehört; an der Serienfertigung des Otto-Motors hatten sie maßgeblich mitgearbeitet, bevor sie das Unternehmen mit eigenen Plänen im Kopf verließen.

Anfang des 20. Jahrhunderts beteiligte sich Deutz an Experimenten, die international bereits im Gange waren, und machte sich an die Entwicklung eines Fahrzeugs, das – angetrieben von einem Otto-Motor – als Ackerpflugmaschine eingesetzt werden konnte. 1907 stellte das Kölner Unternehmen gleich zwei konkurrierende Modelle vor, die Deutzer Pfluglokomotive mit 40 PS Leistung, deren Pflüge vorne und hinten angebaut war, sowie den 25 PS starken und drei Tonnen schweren Motorpflug, der einen hohen Spritverbrauch aufwies. Beide Maschinen bewährten sich in der Praxis nicht.

Zwölf Jahre später versuchte Deutz, seinen im Krieg als Artilleriezugmaschine eingesetzten »Trekker« größeren landwirtschaftlichen Betrieben als Ersatz für Dampfpfluglokomobilen schmackhaft zu machen. Das Gefährt war jedoch zu schwer und unhandlich, letztlich wurden nur wenige Stück produziert.

Der »Deutzer Trekker« stellte 1919 den zweiten Versuch von Deutz dar, auf dem Traktorenmarkt Fuß zu fassen. (Foto: © Sammlung Gebhardt)

Startschuss für die Motorisierung kleiner Bauernbetriebe

Mitte der 20er Jahre – der Lanz-Bulldog hatte für Furore gesorgt – bereitete die im Laufe der Zeit stark gewachsene, auf vielen Feldern agierende und mittlerweile in »Motorenfabrik Deutz AG« umbenannte Firma ihren nächsten Versuch vor, auf dem Landmaschinensektor Fuß zu fassen.

MTH 222 lautete die Bezeichnung des ersten ab 1927 serienmäßig produzierten 14-PS-Deutz-Dieseltraktors, der äußerlich jede Menge Ähnlichkeit mit dem Vorbild von Lanz aufwies. Der Dieselmotor stammte aus eigener Fertigung; schon seit Jahren hatte Deutz hier die Entwicklung mitvorangetrieben. Traktoren boten ein geradezu ideales neues Anwendungs- und Absatzgebiet für die eigenen Dieselmotoren, die wegen der hohen Preise anderer Treibstoffe in Deutschland auf dem Siegeszug in der Landwirtschaft waren.

Seitenansicht des Schleppers MTH 222, den Deutz 1927 vorstellte. Dieser erste Deutz-Dieselschlepper konnte seine Ähnlichkeit mit dem Lanz-Bulldog nicht verleugnen.

Die MTZ-Reihe löste ab 1929 die MTH-Modelle ab. (Foto: © www.der-schlepper.de)

Erfolgreicher, weil praxisnäher war die nachfolgende MTZ-Reihe ab 1929, die sogar die silberne Preismünze der Deutschen Landwirtschaftsgesellschaft gewann. Die Leistung des stärksten Modells der Reihe betrug 36 PS. Die MTZ-Schlepper wurden bis 1936 hergestellt. Deutz war nun als Traktorhersteller eingeführt.

Als die Kölner 1934 mit den »Stahlschleppern« in selbsttragender Blockbauweise den ersten richten Coup auf dem Traktormarkt landeten, hatte sich Deutz bereits mit der Humboldt AG zur »Humboldt-Deutz AG« zusammengeschlossen. Die Stahlschlepper mit ihren Zweizylinder-Viertakt-Dieselmotoren waren Maschinen für vielfältige Einsatzgebiete, wurden stolze zwanzig Jahre lang hergestellt und verkauften sich so gut, dass Humboldt-Deutz unmittelbar der Anschluss an das bisherige Führungsduo Lanz und Hanomag gelang. Die Fahrzeuge richteten sich an mittlere und große Bauernhöfe, stellten Leistungen von 23 bis 50 PS zur Verfügung und rollten zunächst bis 1942 aus den Fertigungshallen; nach dem Krieg wurden sie erneut aufgelegt. Was sie vom größten Teil der Konkurrenz-Modelle abhob, war ihre Umlauf-Wasserkühlung im Gegensatz zur gebräuchlicheren Verdampferkühlung.

Trotz dieses Erfolges stellten die robusten Stahlschlepper nur das Vorspiel für den nächsten Streich der Kölner dar. Der »Elfer-Deutz«-Bauernschlepper mit Einzylinder-Viertaktdiesel und 14 PS richtete sich 1936 an die bislang sträflich vernachlässigte Klientel der vielen Kleinbauern, die bislang von der Motorisierung fast gänzlich ausgeschlossen gewesen waren, weil die großen Traktoren zu überdimensioniert und zu teuer waren. Der handliche Kleinschlepper war das erste serienmäßig gefertigte Fahrzeug seiner Klasse und wurde zu einem sehr großen Markterfolg. Mit rund 10.000 Stück verkaufte sich kein anderer Schlepper vor dem Zweiten Weltkrieg häufiger.

Bevor Humboldt-Deutz kriegsbedingt auf die Herstellung von Traktoren mit Holzgasgenerator umstellen musste, hatte das Unternehmen sich durch Zukäufe noch verstärkt. Den Einstieg in die Nutzfahrzeugproduktion war durch die Übernahme von Magirus 1936 möglich geworden, 1938 stieß die Firma »Klöckner-Werke AG« hinzu, sodass der Firmenname mit »Klöckner-Humboldt-Deutz AG« (KHD) abermals eine Änderung erfuhr.

Das Modell MTZ 120 verfügte über einen 27-PS-Dieselmotor und war in reiner Rahmenbauweise ausgeführt. (Foto: archivio storico)

MTZ 220 war die Bezeichnung des erfolgreichen Deutz-Schleppers mit 30 PS. (Foto: archivio storico)

Die Deutz-Acker-Stahlschlepper wurden zwanzig Jahre lang gebaut und markierten den Weg von Deutz in die Führungsspitze der deutschen Traktorenhersteller. (Fotos: © Sammlung Gebhardt, © Deutz-Fahr GmbH, © archivio storico)

F1M414 lautete die nüchterne und umständlich lange Bezeichnung des 1936 eingeführten Erfolgsmodells. Besser bekannt wurde der Traktor als »Deutz-Elfer« oder »Bauernschlepper«. (Foto: archivio storico)

Nach dem Zweiten Weltkrieg wurde die Produktion des Deutz-Elfer wieder erfolgreich aufgenommen. (Foto: Caronna, © CC-BY-SA 3.0)

Der F1M414 besaß einen 11-PS-Motor aus eigener Fertigung und leitete die Motorisierung der deutschen Kleinbauern ein, für welche die üblichen großen Traktoren zu teuer oder überdimensioniert waren. (Foto: © Deutz-Fahr GmbH)

Klöckner-Humboldt-Deutz wird Marktführer auf dem Traktorensektor

Die Kriegsbeschädigungen des Stammwerkes von KHD in Köln ließen erst Ende der 40er Jahre an eine Neuaufnahme der Schlepperproduktion denken. Zunächst wurden die bewährten Vorkriegsserien »Stahlschlepper« und »11er Bauernschlepper« wieder neu aufgelegt, allerdings nicht ohne Modernisierungen. Wiederum verkaufte sich der jetzt leistungsgesteigerte Bauernschlepper ausgezeichnet.

Ab 1950 marschierte KHD mit seiner neuentwickelten, nunmehr ausschließlich mit moderner Luftkühlung versehenen Traktorenreihe 514 auf den ersten Platz der deutschen Schlepperzulassungsstatistik. Diesen Platz vermochten die Kölner auf Jahre hinaus zu behaupten. Erstes Modell der neuen Reihe war der F1L514/50 mit 15 PS, der auf dem bewährten Bauernschlepper basierte. Der Leistungsbereich der neuen Deutz-Schlepper reichte nun bis 60 PS hinauf und wurde ab 1953 von der 612er Reihe ergänzt und dabei im unteren Leistungsbereich abgerundet.

KHD expandierte in diesen Jahren der vollen Produktionsauslastung im In- und Ausland. Als sich die Situation auf dem Landmaschinenmarkt gegen Ende der 50er Jahre schwieriger zu gestalten begann, kam es zu einer Reihe von Kooperationen. 1958 arbeitete KHD mit Porsche-Diesel bei der Entwicklung von Getrieben zusammen, 1961 übernahmen die Kölner die Landmaschinenfabrik Ködel & Böhm aus dem bairischen Lauingen, um sich in der Landtechnik allgemein breiter aufzustellen. Ein Jahr später begann die Zusammenarbeit mit dem Schlepperhersteller Fahr, an dem sich KHD schrittweise finanziell immer mehr beteiligte, bis Fahr schließlich in der ersten Hälfte der 70er Jahre ganz übernommen wurde.

Mit der D-Reihe kam KHD ab 1959 dem Trend nach stärkeren Traktoren nach. Innerhalb ihrer überarbeiteten Version, der 05er Reihe, stieg der Konzern ab Mitte der 60er Jahre zusätzlich in den Bau von Großtraktoren ein. Spitzenmodell war hier der D80 mit 80 PS starkem Sechszylinder-Diesel und Servolenkung.

Mit der 06er Reihe setzte Klöckner-Humboldt-Deutz nicht nur die bereits begonnene Vereinheitlichung der Baugruppen fort, die neuen Schlepper bekamen gleichzeitig ein deutlich verändertes Aussehen verpasst. Hatten alle Nachkriegsschlepper bislang eine abgerundete Motorhaube aufgewiesen, kamen die neuen Modelle

nun ganz eckig und seit Mitte der 70er Jahre in hellgrüner Lackierung daher. Außerdem hatten die Deutz-Traktoren schon im Laufe der Vorgänger-Serie das bekannte Magirus-Logo an die Kühlerhaube geheftet bekommen. Als technische Neuerung wies die 06er Reihe direkt einspritzende Dieselmotoren auf.

In schwierigerem Fahrwasser

Seit den 70er Jahren wurde es für Klöckner-Humboldt-Deutz zunehmend problematischer, die Marktposition im Traktorenbereich zu behaupten. Als Mehrzweck-Systemtraktor erschien ab 1972 die neuartige INtrac-Serie. Mehrere Arbeitsgänge sollten mit einem Traktor dieser Reihe ausführbar sein. Doch die Verkaufszahlen blieben, wohl aufgrund des hohen Preises, hinter den Erwartungen zurück. Trotz späterer Zusammenarbeit mit Daimler, der mit seinem MBtrac ein ähnliches Konzept aufzuweisen hatte, stellte Deutz 1991 die Produktion dieser Reihe wieder ein.

1978 löste die völlig neu konstruierte DX-Reihe, bei der viel Wert auf den Kabinenkomfort gelegt wurde, erfolgreich ihre Vorgänger der 06er Serie ab. Mit der 07er Reihe startete zwei Jahre später auch noch ein direkter Nachfolger der ausgelaufenen 06er Reihe. Ab 1981 wurden die bislang getrennt geführten Schleppermarken

Das Modell F3M417 war mit 50 PS Leistung zu Beginn der 40er Jahre der leistungsstärkste Vertreter der Stahlschlepper von Deutz. Er wurde in den ersten Nachkriegsjahren erneut für eine Weile aufgelegt. (Fotos: © www.der-schlepper.de)

Setzte Anfang der 50er Jahre auf die bewährte Technik des Bauernschleppers, war aber mit einem 15-PS-Motor ausgestattet: der F1L514/50. (Foto: Huhu Uet, © CC-BY-SA 3.0)

»Deutz« und »Fahr« zu »Deutz-Fahr« zusammengelegt. Doch die Zeiten der ständigen Marktführerschaft in Deutschland gingen zu Ende. Ein Jahr später hielt Deutz-Fahr letztmalig die Spitzenposition und musste sich danach hinter dem Mitbewerber Fendt einreihen. Auch bei den Exporten fielen die Kölner zurück und wurden von John Deere überholt. Nichtsdestotrotz entstanden weitere Montagewerke in außereuropäischen Ländern und Mitte der 80er Jahre wurde der traditionsreiche Motorenhersteller MWM übernommen.

Durch Aufkauf des amerikanischen Traktorenbauers Allis-Chalmers wollte KHD seinen Marktanteil in den Vereinigten Staaten ausweiten, doch die unter dem Namen »Deutz-Allis« verkauften Schlepper gerieten zum Misserfolg. 1991 trennte man sich wieder voneinander.

Eine neue innovative Traktorenreihe erblickte 1993 das Licht der Welt. Mit dem »AgroXtra« führte Deutz-Fahr nicht nur ein verändertes Traktorendesign ein, die abgeschrägte Motorhaube hatte darüberhinaus äußerst praktische Konsequenzen, weil der Fahrer völlig verbesserte Sichtverhältnisse bekam. Diese sogenannten »Freisichttraktoren« färbten auch auf die Mitbewerber ab. Die Leistungen der diversen Agro-Reihen bewegten sich zwischen 82 und 125 PS. Hierbei richteten sich die schon zuvor eingeführten

Die Werbung kündigte den neuen 15-PS-Deutz-Schlepper mit der Bezeichnung F1L515 als Bauernschlepper an und stellte ihn damit in die Nachfolge des erfolgreichen Deutz-Elfer. (Foto: © Sammlung Gebhardt)

»AgroPrima« und »AgroStar« an weniger betuchte Kundschaft und verzichteten deshalb auf größeren Komfort.

Trennung der Landmaschinensparte Deutz-Fahr vom Mutterkonzern

Mit dem ersten Bilanzverlust in der Firmengeschichte 1987 begann sich das wirtschaftliche Geschick von Deutz-Fahr zu wenden. In Konsequenz der weiteren ökonomischen Fehlentwicklungen war für das Stammhaus Klöckner-Humboldt-Deutz seine Traktorensparte nicht mehr zu halten. Deshalb wurde die Marke Deutz-Fahr 1995 an die italienische SAME-Gruppe verkauft, die bald darauf die Produktion der in Deutschland gefertigten Modelle von Köln nach Lauingen verlagerte.

Unter dem neuen Besitzer SAME Deutz-Fahr erschien die »Agrotron«-Großtraktor-Reihe, die das erfolgreiche Konzept des »AgroXtra« fortsetzte, das Design weiter optimierte und Modelle mit Leistungen bis zu 260 PS beinhaltete. Bemerkenswert an diesen Traktoren war die Tatsache, dass sie erstmals wieder seit den frühen 50er Jahren auf Wasserkühlung setzten.

Die beiden Unternehmen, KHD und SAME, gingen aber von nun an keinesfalls völlig getrennte Wege. Im Gegenteil. Der seit 1997 in »Deutz AG« umbenannte Kölner Konzern wurde zum Hauptmotorenlieferant des italienischen Traktorbauers, und umgekehrt entwickelte sich SAME ab 2003 zum größten Anteilseigner des deutschen Motorenherstellers. Mit der Aussicht der Deutz AG, bald alleiniger Lieferant von Dieselaggregaten für SAME Deutz-Fahr zu werden, scheinen die Verbindungen zwischen beiden Firmen in Zukunft enger geknüpft denn je.

Als weiterer Vertreter der 514-Serie leistete der Deutz F2L515 bis zu 30 PS. (Foto: High Contrast, © CC-BY-SA 3.0)

In den 50er Jahren war dieser Raupenschlepper F4L515 mit 60 PS einer der leistungsstärksten Deutz-Traktoren. (Foto: © Sammlung Gebhardt)

Mit neuer Haube und neuer Bezeichnung präsentierte sich ab 1958 die neue Deutz-D-Serie. Das Einstiegsmodell war der D15 mit 14 PS. (Foto: Sammlung Gebhardt)

Der D40.2 in rahmenloser Blockbauweise und mit 35-PS-Deutz-Motor. (Foto: Slick, © CC-BY-SA 1.0)

Das nächstgrößere Modell war der Deutz-Schlepper D25. Auf der Motorhaube wird mit dem luftgekühlten Motor geworben.

Der D50 – ab 1962 gebaut – zeigt hier an seinem Kühler bereits das Magirus-Markenzeichen: das stilisierte Ulmer Münster. (Foto: W. Leiter, © CC-BY-SA 3.0)

Mit 80 PS war der D80 1964 das neue Spitzenmodell von Deutz. (Foto: W. Leiter, © CC-BY-SA 3.0)

D 5005, das erste Modell der 05er Reihe, welches von Deutz Mitte der 60er Jahre auf den Markt gebracht wurde. (Foto: © Sammlung Gebhardt)

Als Ersatz für den D 80 gedacht, hatte der D 8005 von Deutz die selbe PS-Leistung, nämlich 80.

Werbeplakat, das 1968 die neue 06er Reihe von Deutz ankündigt, die sich nicht nur technisch verändert, sondern auch äußerlich rundum erneuert zeigt. (Foto: © Sammlung Gebhardt)

Neben der eckigen Haubenform zeichnete sich die neue 06er Reihe durch direkt einspritzende Dieselmotoren aus. Im Bild ist das Modell D 3006 zu sehen. (Foto: 4028mdk09, © CC-BY-SA 3.0)

1974 auf den Markt gebracht, verfügte der D 6206 nicht nur über die neue hellgrüne Farbe, sondern auch über den 58 PS starken F4L912-Motor. (Foto: 4028mdk09, © CC-BY-SA 3.0)

Der ab 1974 gebaute D 8006 war ebenfalls hellgrün lackiert, leistete 80 PS und wies eine leistungsfähigere Hydraulikanlage auf. (Foto: Markus Hagenlocher, © CC-BY-SA 3.0)

Mit dem INtrac 2002 führte Deutz zu Beginn der 70er Jahre einen vielseitigen System-Traktor ein. Sein Motor stellte 51 PS zur Verfügung.

Ende der 70er Jahre erschien der bis zu 70 PS starke INtrac 2004. Zwölf Jahre lang wurde das Fahrzeug hergestellt, länger als andere Traktoren der Marke INtrac.

1980 löste die 07er Reihe die 06er Serie ab. Der Deutz-Traktor D 6207 erschien 1981, besaß einen 60-PS-Motor und wurde zwei Jahre lang gebaut.

Der Schlepper D 6507 aus der 07er Reihe trug bereits die neue Markenbezeichnung Deutz-Fahr. (Foto: Joost J. Bakker, © CC-BY-SA 2.0)

1978 startete die neu konstruierte DX-Reihe bei Deutz. Das Modell DX 3.10 stammt bereits aus dem Jahr 1984 und leistete 46 PS. Herausragend in Sachen Komfort war die neue Fahrerkabine namens »StarCab«. (Foto: Markus Hagenlocher, © CC-BY-SA 3.0)

In der Leistungsklasse zwischen 70 und 90 PS angesiedelt: Deutz-Fahr DX 4.31. (Foto: Joost J. Bakker, © CC-BY-SA 2.0)

Der Deutz-Fahr DX 6.05 stößt mit seinen 98 PS an die 100-PS-Grenze vor, die der DX6-30 mit seinen 115 PS bereits überschreitet. (Fotos: Jobek01, © CC-BY-SA 0 1.0 und Joost J. Bakker, © CC 2.0)

Bediente innerhalb der DX-Reihe die obere Leistungsklasse: der Deutz DX 7.10 war mit einem 160-PS-Motor ausgestattet.

Nach Aufkauf der Traktorsparte der US-Firma Allis-Chalmers erschienen einige Traktoren auf Basis der DX-Serie unter der Marke Deutz-Allis. Das abgebildete Modell zeigt die Designmerkmale der DX-Reihe, ist aber noch im traditionellen Orange von Allis Chalmers gehalten.
(Fotos: © www.der-schlepper.de)

Als großen Fortschritt für die Sichtverhältnisse des Fahrers erwies sich die abgeschrägte Motorhaube des in den 90er Jahren eingeführten AgroXtra. (Foto: © Deutz-Fahr GmbH)

Deutz-Fahr AgroXtra 4.57 mit 90-PS-Motor und Aufbauten an der Fahrzeugvorderseite. (Foto: Joost j. Bakker, © CC-BY-SA 2.0))

Die Agrotron-Reihe führte SAME Deutz-Fahr Mitte der 90er Jahre ein. Das abgebildete Modell 130 stammt bereits aus dem neuen Jahrtausend. (Foto: © Deutz-Fahr GmbH)

Großtraktor Agrotron 165.7 mit Wasserkühlung. (Foto: © Deutz-Fahr GmbH)

Seit 2007 bietet Deutz die Serie Agrofarm an. Das Modell 85 leistet 80 PS und zielt auf Hof- und Grünlandeinsätze ab. (Foto: © Deutz-Fahr GmbH)

Prototyp des SAME Deutz-Fahr Agron XXL 1630 von 2009. Herausragend: 600 PS, Allradantrieb und Knicklenkung. (Foto: © Deutz-Fahr GmbH)

DEXHEIMER

Vertraut mit der jahrzehntelangen Reparatur von Landwirtschaftsmaschinen, begann Dexheimer erst relativ spät mit der Entwicklung von selbstkonstruierten Schleppern. Mit Schmalspurtraktoren fand der Wallertheimer Betrieb jedoch eine erfolgreiche Nische.

Reparatur und Verkauf von Landwirtschaftsmaschinen

Anders als manche andere spätere Traktorenbauer, die oft erst als allgemeine mechanische Werkstätten begannen, bevor sie sich dem Gebiet der Landwirtschaft zuwandten, reparierte Georg Dexheimer in seiner 1885 im rheinhessischen Wallertheim gegründeten Firma von Anbeginn Landwirtschaftsmaschinen. Von einer Schlepperfertigung war sein »Dexheimer Landmaschinen«-Betrieb damals allerdings noch weit entfernt.

Neben die Reparatur trat im Laufe der nächsten Jahre und Jahrzehnte auch die Eigenproduktion von Geräten für den Agrar- und Weinbausektor, darunter Weinpressen, Traubenmühlen und Leiterwagen. Um all diese Arbeiten bewältigen zu können, kam es 1910 zum Bau eines neuen Werkstattgebäudes.

Ein weiteres Standbein hatte sich Dexheimer bereits 1889 mit der Gründung eines Handelsbetriebs geschaffen, welcher nicht nur die eigenen Produkte vertreiben sollte, sondern zudem die führenden Marken anderer Hersteller.

Trotz des Ersten Weltkrieges und der anschließenden Demontage von Werkstatteinrichtungen erholte sich Dexheimer wieder und konnte schon bald nach dem Krieg eine neue Halle für die Kelterproduktion bauen, ein Ladengeschäft für landwirtschaftliche Artikel aufmachen und mit dieser Expansion sein Produktangebot ausweiten. Zusätzlich übernahm die Firma 1920 den Vertrieb für die Maschinen der Traktorenbauer Fahr und IHC. Diese Betriebsentwicklung ging so weiter bis zum Beginn des Zweiten Weltkrieges. Georg Dexheimer war da längst nicht mehr am Leben, das Geschäft hatte seit vielen Jahren bereits sein Sohn geführt.

Der Dexheimer Allrad 240 erschien von 1976 bis 1986, besaß wahlweise Vierrad- oder Hinterradantrieb und leistete 35–40 PS. (Foto: © Sammlung Gebhardt)

Erfolgreiche Schmalspurtraktoren für Nischenbereiche

Gegen Ende der 50er Jahre versuchte sich Dexheimer erstmals an der Herstellung von selbstfahrenden Fahrzeugen – Sprühgeräten zum Pflanzenschutz, die ab 1959 für die Firma Hako produziert wurden.

Weil der Mechanisierungsbedarf vor dem Weinbau nicht halt machte, trugen die Weinbauern der Umgebung, die einen Großteil von Dexheimers Kundschaft ausmachten, ihre Wünsche der Firma aus Wallertheim vor. Dexheimer stellte sich der Herausforderung und entwickelte nach den gemachten Erfahrungen mit den Sprühfahrzeugen einen innovativen Schmalspurschlepper – den ersten starren mit Allradantrieb. 1966 kam dieses 22 PS starke und wendige Gefährt unter der Bezeichnung »Dexheimer Allrad 222« auf den Markt. Es war direkt für die Arbeit auf steilen Weinbergen gedacht.

Die unerwartet hohe Nachfrage stellte den Familienbetrieb jedoch vor neue Herausforderungen, denn die dafür notwendigen Kapazitäten waren noch nicht vorhanden. Eine Lösung bestand zunächst darin, den Schmalspurschlepper in Lizenz von der Firma Bungartz & Peschke bauen zu lassen. Später entstand extra für diese erfolgreiche neue Produktsparte mit der »Maschinenfabrik Dexheimer & Co. KG« ein eigener Betrieb.

Das Einsatzgebiet dieser neuen Traktoren weitete sich mit der Zeit aus; außer im Weinbau fand man auch im Obst-, Garten- und Landschaftsbau sowie im Kommunalbereich Gefallen an den im-

mer wieder mit Innovationen aufwartenden Fahrzeugen aus Wallertheim.
Dexheimer reagierte auf Kundenwünsche und bezog sogar die Zulieferer in den Entwicklungsprozess der Schlepper mit ein. Mitte der 70er Jahre löste eine zweite Generation an Schmalspurtraktoren ihre Vorgänger ab. Ein 80 PS starker Vertreter war Ende des Jahrzehnts der AL 480 mit hydrostatischem Antrieb, in den Dexheimer viel Entwicklungszeit steckte. Dank seiner Lenkhydraulik war er in der Lage, auf der Stelle zu drehen.

Ab Mitte der 70er Jahre stand der Schmalspurschlepper Dexheimer Allrad 345 N mit 50 PS Motorleistung zum Verkauf. Dieses Modell stammt aus dem Jahr 1985. (Foto: Ubraxa, © GFDL)

Dexheimer Allrad 250 SC von 1989. Der wassergekühlte Zweizylindermotor lieferte eine Leistung von 41 PS. (Foto: Ubraxa, © GFDL)

Mit der Schmalspur-Compaktklasse – SC – stellte die Firma Mitte der 80er Jahre die dritte Generation ihrer Schlepper vor. Vom Farymann-Dieselmotor hatte sie sich mittlerweile verabschiedet und MWM-Aggregate in ihre Fahrzeuge eingesetzt, die ruhiger liefen. Die Leistungen dieser neuen Schlepper bewegten sich zwischen 30 und 65 PS.
Als wiederum zehn Jahre später die nächste, vierte Generation erschien, hieß der Betrieb mit der Traktorsparte »Maschinenfabrik Dexheimer GmbH«. Die Baureihe 300 Si startete mit den Modellen 360 und 380 und besaß die Vorzüge einer vollklimatisierten Plattformkabine, eines Bordinformationssystems und eines 56-Grad-Lenkeinschlags. Die Leistungen der beiden Traktoren betrugen 60 und 75 PS. Wieder waren umfangreiche Entwicklungsarbeiten der Herstellung vorausgegangen.
Die fünfte Generation 400 Si, zur Jahrtausendwende eingeführt, brachte vier Modelle mit neuen Motoren, automatischer Fahrkupplung und Leistungszahlen von 62 bis 90 PS, die sechste Generation mit der Bezeichnung 500 Si bewegte sich seit 2007 mit ihren Iveco-Motoren zwischen 72 und 101 PS.
Nach wie vor existierte bei Dexheimer neben der Schmalspurfertigung der Handelsbetrieb »Dexheimer GmbH & Co. KG« mit den Sparten Agrar-, Weinbau- und Kellereitechnik. Dieser verkaufte ergänzend ausgewählte Produkte anderer europäischer Hersteller und hatte im Laufe der Zeit französische Traubenvollernter (Grégoire), Schweizer Weinpressen (Sutter) sowie Traktoren von Case IH und Bobard in sein Angebot aufgenommen, für die Dexheimer in Deutschland auch die Ersatzteilversorgung übernahm.

Der Dexheimer 370 turbo wurde von 1977 bis 1986 hergestellt und wurde von einem 65-PS-Motor angetrieben. (Foto: Markus Hagenlocher, © CC-BY-SA 3.0)

EICHER

Legendär wurde die nach Raubtieren benannte Schlepperserie, mit der Eicher in den 50/60er Jahren große Erfolge feierte. »Agrirobot« und »FarmExpress« sind nur zwei Beispiele von weiteren innovativen Produkten des Traktorbauers, die mit zu seiner zeitweiligen Spitzenposition beitrugen. Letztlich konnten sie alle den langsamen Niedergang von Eicher ab den 70er Jahren nicht verhindern.

Vom Mähauto zum Dieselschlepper

Josef Eicher, Vater der beiden späteren Traktorenbauer Albert und Josef jun., gründete im Jahre 1901 in Forstern bei München eine Reparaturwerkstatt für Landmaschinen. In dieser starteten seine beiden Söhne Mitte der 30er Jahre mit einem zum Mähauto umgebauten Opel erste Versuche im Bauen von motorisierten Landmaschinen. Diesem folgte das Experiment mit einem Dreiradschlepper, bis die Eicher-Brüder schließlich 1936 ihren ersten echten Traktor auf vier Rädern, mit Prometheus-Triebwerk und einem 20 PS starken Zweizylinder-Deutzmotor herausbrachten. Dieser kam bei seiner Vorstellung auf einer Münchner Ausstellung ein Jahr später so gut an, dass sie die Serienfertigung aufnehmen konnten.

1941 trennten sich die beiden Brüder vom Betrieb ihres Vaters und gründeten ihre eigene Firma, die »Gebrüder Eicher Traktorenbau oHG«. Nach dem tausendsten Schlepper musste Eicher jedoch ebenso wie andere Traktorenbauer auf Holzgasgeneratoren umstellen, weil die Reichsregierung den Betrieb mit in den Kriegsjahren knapp gewordenen Benzin- und Dieseltreibstoffen verbot. Von diesen Holzgasschleppern wurden allerdings nur wenige Exemplare hergestellt, danach arbeitete Eicher für die Rüstungsindustrie.

Neuanfang nach dem Krieg mit innovativem Motor

1946 nahm Eicher zunächst die Herstellung seiner Zweizylinder-Modelle mit 22 und 24 PS aus Vorkriegszeiten wieder auf und versah sie mit Fremdmotoren. Gleichzeitig arbeitete der Traktorbauer an einem robusten und preiswerten Antrieb, einem luftgekühlten Dieselantrieb. Mit diesem Konzept war Eicher während seiner Zulieferarbeit für BMW-Flugzeugmotoren während des Krieges in Berührung gekommen. 1948 war es dann soweit: Eicher stellte mit dem ED 16 den ersten Dieselschlepper der Welt mit Luftkühlung vor. Dieser Traktor mit Leistungen zwischen 17 bis 19 PS fand sofort ein großes Echo bei den Landwirten und seine Absatzzahlen bereiteten deshalb das Fundament für Eichers Aufstieg zum Großserienhersteller.

Der Traktorbauer erweiterte seine Fertigungskapazitäten daraufhin durch ein Zweigwerk in Dingolfing, musste aber wegen Kapitalmangel noch eine Zeitlang auf Fremdmotoren zurückgreifen, die erst ab Mitte der 50er Jahre durch eigene Zwei- bis Vierzylinderantriebe mit Leistungen zwischen 30 und 40 PS ersetzt werden konnten.

Mit 22- und 25-PS-Modellen kehrte Eicher nach dem Zweiten Weltkrieg ins Traktorengeschäft zurück. (Foto: © Sammlung Gebhardt)

Ende der 50er Jahre entstand dann mit der »Raubtier«-Reihe eine legendäre, langlebige und für das Unternehmen identitätsstiftende Schlepperserie. Nach und nach erschienen die Modelle »Leopard«, »Panther«, »Tiger«, »Königstiger« und »Mammut«. Sie alle wurden mit überarbeiteten, neuen Motoren ausgestattet und zählten technisch zum Modernsten der Zeit.

1960 kam mit der »Puma«-Reihe ein weiterer Verkaufsschlager von Eicher auf den Markt. Diese Schmalspurschlepper bewährten

Das Modell Eicher 25 III wurde von 1950 bis 1955 gefertigt. (Foto: Eicher1952, © GFDL)

Bedient ab Mitte der 50er Jahre mit 13–14 PS die untere Leistungsklasse: Eicher ED 13. (Foto: Sigismund von Dobschütz, © CC-BY-SA 3.0)

Erster Dieseltraktor mit Luftkühlung: Eicher ED 16.

sich besonders bei der Arbeit an Weinbergen und im Obstbau. Ihre Spurweite war verstellbar und somit den jeweiligen Gegebenheiten anpassbar.

Eicher machte immer wieder mit ungewöhnlichen Produkten von sich reden, so etwa 1964 mit dem »Agrirobot«, einem fahrerlosen Motorpflug, der Zugmaschine »FarmExpress« oder dem Lkw »TransExpress«, der allerdings an Magirus-Deutz abgegeben wurde, weil Eicher selber als Quasi-Branchenfremder ihn nicht verkaufen konnte.

Mitte der 60er Jahre stand das Unternehmen, gemessen an der Höhe seiner produzierten Traktoren-Stückzahlen und der hohen Produktnachfrage, auf dem Höhepunkt seiner Geschichte. Es zählte mit zu den Spitzenherstellern in der deutschen Landmaschinenindustrie. Zur Ausweitung der eigenen Fertigungskapazitäten wurde sogar die »Isaria Drillmaschinen GmbH« gekauft. Die Entscheidung, weiterhin keine eigenen Getriebe entwickeln zu wollen, sollte sich aber als schwerer Fehler erweisen.

Erste Krisen und die Beteiligung von Massey Ferguson

1968 ließ Eicher die Optik seiner neuen Schlepperserie »3000« von einem Designer entwerfen. Die Leistungen dieser Maschinen lagen zunächst zwischen 28 und 95 PS; Vertreter der letzteren Leistungsklasse war der erfolgreiche »Wotan«. Ausgestattet waren diese Traktoren mit Allradantrieb.

Mit Beginn der 70er Jahre brach die Nachfrage nach Schleppern deutlich ein und Eicher bekam wirtschaftliche Probleme. Zudem wurde er – nicht als einziger Schlepperbauer – von einem weiteren Schlag getroffen: Ihr bisheriger Getriebe-Lieferant ZF produzierte von nun an nur noch für Maschinen mit höherer PS-Leistung. Einen Ausweg aus dieser Lage versprach Eicher sich von der Beteiligung des britischen Traktorenbauers Massey Ferguson am Unternehmen. Massey Ferguson lieferte von jetzt an die Triebwerke – lediglich für den »Wotan« waren ausreichend ZF-Getriebe auf Lager – und stieg zunächst mit einer 30-Prozent-Beteiligung bei Eicher ein, die später sogar auf 99,7 Prozent erhöht wurde. Die Eicher-Brüder mussten zu diesem Zeitpunkt aus der Leitung des Unternehmens ausscheiden.

Konkurs auf Raten

Massey Ferguson setzte durch, dass die meisten Eicher-Traktorenmodelle mit wassergekühlten Perkinsmotoren ausgerüstet wurden. Nicht gerade hilfreich war die Entscheidung, die Namen aus

der Raubtierserie durch aussagelose Ziffernbezeichnungen zu ersetzen. Letztlich stand die Partnerschaft von Massey Ferguson und Eicher unter keinem guten Stern. Die Verkäufe von Eicher gingen dramatisch zurück, und auch die Briten gerieten in Schwierigkeiten. So entschieden sich 1982 beide Unternehmen dafür, wieder getrennte Wege zu gehen. Eicher kam in dieser für den Betrieb existenzbedrohlichen Situation seine indische Tochterfirma »Eicher Goodearth Ltd.« zu Hilfe, die Mehrheitsanteile am deutschen Schlepperbauer erwarb.
Von vorneherein belastend waren allerdings die hohen Gebäudepachtzahlungen Eichers an Massey Ferguson als Voraussetzung dafür, dort die Schmalspurschlepperserie weiterproduzieren zu dürfen, mit der Eicher eine Marktlücke schloss. Auch wurde die Raubtierreihe nun wieder eingeführt und der Motorenbau sogar ausgeweitet. Das alles rettete Eicher jedoch nicht. 1984 musste ein Konkursantrag gestellt werden. In dieser Situation trennte sich Goodearth wieder von der schlingernden Mutterfirma aus Deutschland. Dank einer Auffanggesellschaft, die Eicher-Händler

42 bis 45 PS stark war das Eicher-Modell L40, das ab 1951 sechs Jahre lang gebaut wurde. In der L-Serie war nur der L60 noch leistungsstärker.

Der Eicher ED 210 stand ab 1958 zum Verkauf. Sein Zweizylinder-Reihenmotor leistete 33 PS. Nach zwei Jahren wurde er wieder eingestellt.

Mitte der 50er Jahre bediente der Eicher-Schlepper LH 12 mit seinen 12 PS die untere Leistungsklasse. (Foto: © www.der-schlepper.de)

Ende der 50er Jahre stellte Eicher den L22/II vor. Mit seinem 22 PS starken Motor konnte er bis zu 20 km/h schnell fahren.

Auch in die Türkei wurden die Traktoren von Eicher 1958 exportiert. (Foto: Sammlung Gebhardt)

Das erste Modell der neuen EKL-Reihe, der Eicher-Schlepper EKL 11 mit 11 PS Leistung, wird auf diesem Plakat angekündigt. (Foto: Sammlung Gebhardt)

Ein Eicher EKL 15 mit 16 PS aus dem Jahre 1956. (Foto: Flominator, © GFDL)

gegründet hatten, konnte die Produktion trotzdem weiterlaufen. 1988 kam es erneut zu einem Besitzerwechsel; der Multiunternehmer Ulrich Harms übernahm Eicher und setzte die Reihen »3000«, »Mammut« und »Wotan« fort. Doch die Schwierigkeiten kehrten mit Beginn der 90er Jahre zurück. Die Fertigung der Standard-Schlepper musste eingestellt werden und selbst die großen Modelle fanden kaum noch Abnehmer. Das restliche Programm wurde in Kleinstserie weitergeführt, doch im Jahr 1992 war der nächste Konkursantrag des Unternehmens nicht mehr zu vermeiden. Diesmal allerdings sprang keine helfende Hand ein und die Eicher GmbH wurde aufgelöst.

Das Ende war das jedoch immer noch nicht. Es entstanden nun zwei getrennte Firmen, die »Eicher Landmaschinen Vertriebs GmbH«, für den Verkauf der Traktoren verantwortlich, und die »Eicher Motoren- und Fahrzeugtechnik GmbH (MTF)«, die für den Bau der Maschinen zuständig war. Das Programm bestand jetzt nur noch aus Schmalspurschleppern und Motoren.

Zehn Jahre lang konnten so weitere Eicher-Traktoren hergestellt und verkauft werden, bis im Jahre 2002 die MTF aufgrund sinkender Absatzzahlen den Bau von Motoren- und Schleppern beendete.

Dieser in rahmenloser Blockbauweise gehaltene EKL 15 stammt aus dem Jahr 1953. (Foto: © www.der-schlepper.de)

Der »Eicher-Leopard« war Ende der 50er Jahre das erste Schlepper-Modell der neuen, sehr erfolgreichen Raubtier-Serie. (Foto: © Sammlung Gebhardt)

Der Eicher ED 310 Mammut erschien von 1959 bis 1962 und war 45 PS stark. Innerhalb der Raubtier-ED-Serie war er der stärkste Eicher-Traktor. (Foto: © Sammlung Gebhardt)

Ab 1959 wurde der Eicher Königstiger produziert. Während der Fahrt ließ sich sein Vorderradantrieb hinzuschalten. (Foto: © Sammlung Gebhardt)

40 PS leistete der Eicher EM 300 Königstiger. Auch er besaß einen Allradantrieb. Seine Fertigung lief erst im Jahr 1968 aus. (Foto: © Sammlung Gebhardt)

Die Schmalspurschlepper-Reihe von Eicher in den 60er Jahren war gefragt für Obst-, Hopfen- und Weinbau. (Foto: © Sammlung Gebhardt)

Der Eicher ES 202 Puma war ein Schmalspurschlepper, der Mitte der 60er Jahre auf den Markt kam. (Foto: Neozoon, © CC-BY-SA 3.0)

Konnten sich lange Zeit erfolgreich am Markt behaupten: die Schmalspurschlepper von Eicher. (Foto: © Sammlung Gebhardt)

Seit Mitte der 50er Jahre versuchte sich Eicher auch am Bau von Geräteträgern. Erst nach 1968 wurde diese Gerätesparte aufgegeben, um sich auf die Schlepperproduktion konzentrieren zu können. (Foto: © Sammlung Gebhardt)

Noch in alter, rundlicher Gestalt, aber der Bezeichnung nach schon zur 3000er Reihe zählte der Eicher 3002 Mammut HR aus dem Jahr 1966. (Foto: Perfekt 401 es, © GFDL)

Mit der Serie 3000 – 1968 auf den Markt gebracht – durchliefen die Eicher-Traktoren auch äußerlich eine Erneuerung. Der Eicher 3553 Büffel von 1974 besaß einen wassergekühlten Reihenvierzylinder mit 72 PS. (Foto: © Sammlung Gebhardt)

Der Eichertraktor Modell 3105 wurde ab 1977 gebaut, verzichtete auf die Benennung nach einem Raubtier und leistete 105 PS. (Foto: © www.der-schlepper.de)

Mitte der 80er Jahre erschien aus der 3000er Reihe der Eicher 3072. Einen Raubtiernamen trug auch er nicht mehr. (Foto: © www.der-schlepper.de)

Werbeplakat für die 1968 vorgestellte 3000er Reihe. (Foto: © Sammlung Gebhardt)

Der Eicher-Schmalspurschlepper 656 VC wurde von 1993 bis 2001 gebaut. Der direkteinspritzende Dieselmotor stellte 65 PS zur Verfügung.

Schmalspurschlepper von Eicher aus den 70er Jahren: Modell 365 S mit 65 PS Leistung. (Foto: Wasti 2, © CC-BY-SA 3.0)

In den 70er Jahren stellte Eicher seine 4000er Serie vor, die mit Perkins-Motoren und Getrieben von Massey Ferguson ausgestattet waren. (Foto: © Sammlung Gebhardt)

Mit 145 PS der leistungsstärkste Eicher-Schlepper zu Beginn der 80er Jahre: Eicher Wotan. (Foto: © Sammlung Gebhardt)

Die Economy-Reihe besaß zu Beginn der 80er Jahre wieder Motoren aus eigener Produktion. (Foto: © Sammlung Gebhardt)

FAHR

Mit Grasmähern und Mähbindern war Fahr bekannt geworden. In den 50er Jahren profitierte der kleine Schlepperbauer vom boomenden Markt in Westdeutschland und brachte erfolgreich Traktoren für kleine und mittlere Betriebe auf den Markt, bevor Fahr im Laufe der 60er/70er Jahre vom Konkurrenten Deutz aufgekauft wurde.

1938 baute Fahr sein erstes Schleppermodell mit der Bezeichnung F 22. Sein wassergekühlter Zweizylinder-Viertaktdieselmotor leistete 22 PS.

Traktoren vom Bodensee

In Gottmadingen am Bodensee gründete im Jahr 1870 Johann Georg Fahr eine Werkstatt, die sich später zur Landmaschinenfabrik Fahr weiterentwickelte. Anfangs fertigte er dort u. a. Futterschneidemaschinen, Weinpressen und Mähmaschinen. Durch den Import und die Montage von Dreschmaschinen kam der Kontakt zur Landwirtschaft zustande und so entstanden bei Fahr seit den 1890er Jahren zusätzlich erste Landmaschinen in Eigenentwicklung. Von diesen wurden vor allem der Grasmäher und der Mähbinder so erfolgreich, dass sie noch jahrzehntelang in dem süddeutschen Unternehmen produziert wurden.

1903 gab der mittlerweile 67-jährige Fahr die Leitung seines florierenden Betriebs an seine Söhne ab. Diese wandelten die nunmehr offene Handelsgesellschaft sieben Jahre später in eine Aktiengesellschaft um und stellten gleichzeitig die Weichen, zukünftig nur noch Landmaschinen herzustellen.

Fahr überstand die Weltwirtschaftskrise 1929/1930, profitierte von der Landwirtschaftsförderung der braunen Machthaber und machte gute Umsätze mit seinen Produkten. Der Betrieb hatte da bereits wegen der stetig gestiegenen Produktionszahlen von

Dieses Werbeplakat von 1943 stellt den Holzgasschlepper HG 25 von Fahr vor, der dem F 22 nachfolgte und immerhin bis kurz vor Kriegsende produziert wurde. (Foto: © Sammlung Gebhardt)

Handarbeit auf maschinelle Fertigung umgestellt. Fahr griff in diesen Jahren den Trend der Entwicklung von Traktoren auf und beschloss, auf diesem Gebiet von nun an verstärkt aktiv zu werden. 1938 stellte Fahr schließlich mit dem F 22 seinen ersten Schlepper vor. Angetrieben wurde dieser von einem Zweizylinder-Dieselmotor von Deutz. Fahr war zu diesem Zeitpunkt einer von vielen deutschen Landmaschinenherstellern, die gegen Ende der 30er Jahre ihr Debüt als Traktorenbauer gaben. Der F 22 konnte es als Vorteil verbuchen, von seinem Hersteller einen maßgeschneiderten Gerätebinder gleich mit auf den Weg bekommen zu haben und insgesamt technisch auf dem neuesten Stand zu sein.

Bis zu seinem Produktionsstopp inmitten des Zweiten Weltkriegs konnten ungefähr 1500 Schlepper dieses Typs an den Landmann gebracht werden. Nachfolger wurde der HG 25-Einheitsschlepper, der aufgrund des Ressourcenmangels im Krieg mit Holzgasantrieb ausgerüstet war, um wertvollen Kraftstoff vor allem für die Wehrmacht einzusparen. Einige der Holzgasmotoren kamen von der Firma Güldner und stellten den Beginn einer fast zwei Jahrzehnte währenden Geschäftsbeziehung dar.

Kurz vor Kriegsende musste die Produktion wegen der anhaltenden Luftangriffe eingestellt werden.

Schlepper für kleine und mittlere Betriebe

Nach dem Krieg führten die französischen Besatzungskräfte die vollständige Demontage der Werkzeugmaschinen bei Fahr durch. Die Firma konnte sich trotz dieses Schlages mit Schlepperreparaturen und anderen Übergangsarbeiten über Wasser halten. Und bereits 1948, im Jahr der Währungsreform, wartete Fahr wieder mit ersten 25-PS-Schleppern auf, erneut ausgestattet mit Güld-

Der D 15 von 1950 mit einer Leistung von 16 PS gehörte zur ersten Nachkriegs-Schlepperserie von Fahr.

25 PS stark war das Schleppermodell Fahr D 25 aus dem Jahr 1951, das zwei Jahre lang gebaut wurde.

ner-Motoren, diesmal allerdings mit solchen für Dieselbetrieb.

Ein Jahr darauf stellte Fahr seine erste richtige Nachkriegsserie vor. Diese bestand aus den Typen D 15, D 22 und D 30, deren Bezeichnungen ihre PS-Leistung verrieten. Zwei von diesen beherbergten wiederum einen Güldner-Motor, das dritte Modell einen Antrieb von Deutz – der zweiten Firma, die für Fahr noch wichtig werden sollte. Von den gleichen Motorenlieferanten bezog das Unternehmen ebenfalls Aggregate für sein weiteres Landmaschinenangebot, das es zu Beginn der 50er Jahre auszubauen begann.

Fahr erwarb sich einen guten Ruf mit seiner soliden Modellpolitik, die kontinuierlich gepflegt wurde und vor allem kleine und mittlere Landwirtschaftsbetriebe ansprach. Das Angebot an Schleppern wurde um weitere Typen erweitert, darunter der KT-10-Einheitsschlepper und der in hohen Stückzahlen verkaufte D 17.

Ab Mitte der 50er Jahre stellte Fahr beinahe vollständig auf Maschinen mit luftgekühlten Motoren um, die ein geringes Gewicht hatten und einfach zu warten waren. Der Schlepperbauer vom Bodensee konnte sich in der »Top-Ten«-Liste der Verkaufszahlen deutscher Anbieter halten, erst gegen Ende der 50er Jahre fiel das Unternehmen zurück; es musste mit den selben Schwierigkeiten fertig werden, die auch seinen Mitbewerbern zu der Zeit das Leben schwerer machten – rückläufige Verkaufszahlen aufgrund der veränderten Ansprüche der Kundschaft.

Kooperation mit Güldner

Um diesen Problemen zu begegnen und Kosten zu sparen, intensivierte Fahr bereits 1956 die Zusammenarbeit mit Güldner. Beide Firmen bauten gemeinsam die Leichtschlepper D 66 und D 88. Zwei Jahre später gingen Fahr und Güldner einen richtigen Kooperationsvertrag ein. Dieser sah vor, dass beide Betriebe einheitliche Schlepper-Modelle auf den Markt brachten, die sich lediglich durch unterschiedliche Hauben und Farbgebung unterscheiden sollten. Güldner war hierbei für die Typen ab 25 PS zuständig, Fahr für das untere Leistungsspektrum.

Den Anfang machte die gemeinsame »Europa«-Serie mit vier Modellen (15, 20, 25 und 34 PS). Der stärkste Traktor mit 34 PS und der Typenbezeichnung D 177 kam von Fahr, ebenso das 25-PS-Modell D 133; die beiden kleineren Schlepper stammten aus Güldners Produktion.

Verlust der Selbständigkeit

Weil die Entwicklungskosten dieser Reihe jedoch sehr hoch ausfielen und sich der gesamte Traktorenhandel in einer Absatzkrise befand, schaute sich Fahr nach einem stärkeren Partner um. Fündig wurde der Traktorenbauer bei Humboldt-Glöckner-Deutz. Dieses Unternehmen stieg zu Beginn der 60er Jahre mit einem Anteil von zunächst 25 Prozent bei Fahr ein.

Zur Auflage machte Deutz aber eine strenge Aufteilung des Programms zwischen beiden Firmen. Das bedeutete konkret, Fahr durfte keine eigenen Traktoren mehr herstellen, dies war von nun an ausschließlich die Aufgabe von Deutz. Stattdessen war Fahr für den Bau von Erntemaschinen zuständig. Diese Kröte zu schlucken war der Preis, den der Gottmadinger Betrieb zahlen musste, und es war erst der Anfang vom Ende der Selbstständigkeit. Natürlich war damit auch die bisherige erfolgreiche Zusammenarbeit mit Güldner beendet.

Die letzten eigenen Fahr-Traktoren verließen im Jahr 1961 die Werkshallen. Von 1962 bis 1964 ließ hier Deutz noch seine eigenen Traktoren fertigen, danach war der Traktorenbau bei Fahr Geschichte.

Das kleinste Modell der neuen Fahr-Serie D 12 mit 12 PS erschien 1953. Hier ist die Hochradversion D 12 H zu sehen. (Foto: W. Leiter, © CC-BY-SA 2.5)

Von 1955 bis 1957 stellte Fahr das Modell D 17 N her. Sein wassergekühlter Diesel leistete 17 PS.

Fahr D 90 H war die Hochradausführung des D 90. Sein 12-PS-Diesel war nicht mehr wassergekühlt wie bei den Vorgängern, sondern besaß eine Luftkühlung.

Die Gottmadinger, die von nun an Erntemaschinen herstellten, holten hierfür wieder einen neuen Partner ins Boot, leisteten sich dabei aber einen Missgriff. Denn der Auserwählte, die belgische Firma Claeys, behielt sich den Bau der größeren Maschinen vor, obwohl Fahr hier eigentlich das größere Know-how anzubieten hatte. Als Claeys von New Holland aus den Niederlanden geschluckt wurde und sich anschließend von Fahr trennte, besaß Fahr keinen großen Mähdrescher mehr und war damit nicht mehr konkurrenzfähig.

In dieser brenzligen Situation erwarb Deutz 1968 die Mehrheitsanteile von Fahr, übernahm dann in den 70er Jahren die Firma komplett und schuf die neue Landmaschinensparte Deutz-Fahr. Deren Produktion allerdings wurde vom Gottmadinger ins Lauinger Werk verlagert. Die typisch rote Farbgebung von Fahr ersetzten die neuen Besitzer Mitte der 80er Jahre durch die Deutz-Hausfarbe Hellgrün. Ungefähr zehn Jahre später verkaufte Deutz seine Landmaschinenmarke Deutz-Fahr an die italienische SAME-Gruppe. Die Gottmadinger Produktionsstätte erlebte einen mehrfachen Besitzerwechsel und wurde 2006 geschlossen.

Auch der Fahr D 130 H, der von 1953 an gebaut wurde, war eine Hochradversion. Ebenfalls luftgekühlt, leistete sein Motor 17 PS. (Foto: Steffen Heinz, © CC-BY-SA 3.0)

Der luftgekühlte Zweizylinder-Viertakt-Reihendiesel des Fahrschleppers D 400 C aus dem Jahr 1954 stammte nicht aus eigener Fertigung, sondern war ein Deutz-Motor. (Foto: Sammlung Gebhardt)

Von Mitte bis Ende der 50er Jahre produzierte Fahr den mit 60 PS sehr leistungsstarken D 540. Der Motorlieferant hieß wiederum Deutz.

Lediglich ein Jahr lang hergestellt wurde der Fahr D 135 ab 1958. Wegen der Kooperation mit Güldner zu dieser Zeit befand sich aus deren Fertigung ein wassergekühlter Motor mit 18 PS in dem Traktor.

Von 1959 bis 1961 verkauften sich etwa 5000 Exemplare vom Fahr D 133 N. Der luftgekühlte Güldnermotor stellte 25 PS bereit.

FENDT

Mit dem »Fendt Dieselross« startete das Familienunternehmen aus dem Allgäu zu Beginn der 30er Jahre einen ungeahnten Siegeszug, der sich nach dem Krieg jenseits der deutschen Grenzen fortsetzte. Der längst zu den weltweit führenden Traktorenbauern gehörende Hersteller aus Marktoberdorf festigte seine Position über die Aufschwungjahre der Fünfziger hinaus durch kluge und überzeugende Modellentwicklungen sowie durch zahlreiche technische Innovationen. So konnte er auch die schwierige Zeit der krisenhaften 80er Jahre überstehen, als viele Mitbewerber aufgeben mussten. Heute ist Fendt eine führende Marke der international agierenden AGCO-Gruppe.

1928 stellte Hermann Fendt den 4- bzw. 6-PS-Grasmäher vor.
Das war der Einstieg in eine erfolgreiche Karriere. (Foto: © Fendt AGCO GmbH)

»Dieselross« ersetzt Ackergaul

Im Jahr 1898 übernahm der Mechanikermeister Johann Fendt in Marktoberdorf im Allgäu die Schlosserei seiner Eltern, zu der noch ein landwirtschaftliches Grundstück gehörte. Die Schlosserei hatte eine lange zurückreichende Familientradition.

Die Familie Fendt war mit den Schwierigkeiten und Problemen gerade von kleineren Bauernbetrieben vertraut und experimentierte in den 20er Jahren mit einem fahrbaren Gerät, das deren Arbeit erleichtern sollte. 1928 gelang dem damals erst 17-jährigen Sohn Hermann Fendt mit dem zunächst nur 4 PS, dann 6 PS starken »Grasmäher« eine zwar einfache, aber funktionierende Konstruktion, auf der sich aufbauen ließ. Noch besaß dieser selbstfahrende Motormäher einen Benzinantrieb, der in dem verbesserten Nachfolgefahrzeug zwei Jahre später dann aber von einem sparsameren Dieselmotor abgelöst wurde.

Diesen Nachfolger taufte Fendt auf den Namen »F9 Dieselross« und begründete mit diesem nichts weniger als den guten Ruf und die Karriere seines Unternehmens, außerdem den Start einer sehr erfolgreichen Schlepperreihe. Noch fehlte dem Dieselross eine ansehnliche Ummantelung von Motor und Getriebe. Doch das mit einem Deutzaggregat von zunächst 6, später 9 bis 12 PS Leistung ausgerüstete Gefährt war der erste Dieselkleintraktor in Europa und rief dadurch eine unerwartet hohe Nachfrage bei den Kleinbauern in der Region hervor. Schnell konnte er deswegen in Serie

Mit dem F 9 Dieselross, dem ersten Dieselkleintraktor Europas, konnte der Siegeszug der Fendt-Schlepper beginnen. (Foto: © Fendt AGCO GmbH)

produziert werden. Bereits 1934 war dieser sparsame, zuverlässige und dennoch preiswerte Fendt-Bauernschlepper mit Luftbereifung zu haben.

Als die Auftragsbücher sich immer mehr füllten und die Kapazitäten der väterlichen Werkstatt zu übersteigen begannen, baute Fendt neue Fertigungshallen.

Nach dem Tod von Johann Fendt 1933 hatte zunächst seine Ehefrau die Leitung des Betriebs übernommen. 1937 folgten ihr die beiden Söhne Hermann und Xavier nach; Letzterer übernahm dabei die Geschäftsführung. Nun wurde die Firma umbenannt in »Xavier Fendt & Co.«. Im selben Jahr gelang dem Betrieb sein erster Meilenstein, das »F 18 Dieselross«. Immer noch zwar ohne Verkleidung, aber mit einem Einzylinder-16-PS-Diesel versehen, bescherte der Schlepper F 18 Fendt seine bislang höchsten Verkaufszahlen. Als erster Traktor in Europa besaß der F 18 eine unter Last schaltbare Zapfwelle, welche den Anbau eines fahrunabhängigen Mähwerks ermöglichte. Der Durchbruch war geschafft. Bis zur Einstellung im Jahr 1942 rollten stolze 2000 Exemplare aus den Werkshallen des Familienbetriebs.

Diese hohen Absatzzahlen konnte das Modell F 22 im darauffolgenden Jahr nicht mehr ein- oder gar überholen. Das lag allerdings

Günstiger als ein Modell der Konkurrenz war der Fendt F 18 Dieselross. Zur Ausstattung gehörten Luftreifen, Seitenmähwerk und ein 16-PS-Motor von Deutz. (Foto: © Fendt AGCO GmbH)

Der 1938 auf den Markt gebrachte Fendt F 22 Bauernschlepper überraschte mit Motorhaube und Automobilkühler. Als Motor kam ein stehender Zweizylinder-Diesel von Deutz zum Einsatz. (Foto: © Fendt AGCO GmbH)

keineswegs an der Qualität des Nachfolgers; den kommerziellen Erfolg dieses innovativen Traktors in Blockbauweise verhinderte in erster Linie der beginnende Zweiten Weltkrieg, der die Abnahmezahlen einbrechen ließ. Das »F 22 Dieselross« besaß ein modernes Vierganggetriebe und endlich eine Motorhaube. Darunter verborgen war ein stehender Zweizylinder-Motor mit 22 PS und eine Wasserkühlung mit Ventilator – ein Konstruktionsprinzip, das nach dem Krieg seine Fortsetzung fand.
Fendt wurde mit seinem Modell F 22 in den Schell-Typenbegrenzungsplan aufgenommen. Weil aber ab 1942 grundsätzlich in Deutschland keine Traktoren mehr mit Flüssigtreibstoffen betankt werden durften, reihte sich der Schlepperbauer aus Marktoberdorf ein in die Gilde der Hersteller, die ihre Traktoren für Holzgasbetrieb umrüsteten. Das Fahrzeug mit der Bezeichnung G 25 wurde bis 1946 hergestellt. Wie alle Holzgasschlepper war G 25 sehr schwer, dadurch unhandlich und ohne die Leistungsfähigkeit der dieselbetriebenen Vorgänger.

Mit dem »Dieselross« in die Boomjahre der Fünfziger

Im Gegensatz zu vielen anderen Schlepperherstellern hatte Fendt keine nennenswerten Kriegsbeschädigungen zu beklagen. Trotz-

Der Holzgasschlepper G 25 von Fendt ersetzte ab 1943 die dieselgetriebenen Vorgänger-Traktoren. Gefüttert wurde das Fahrzeug mit Holz. Nur zum Anlassen des Schleppers diente Benzin. (Fotos: © Ralf Weinreich, Fendt AGCO GmbH und Sammlung Gebhardt)

Nach dem Krieg legte Fendt neben anderen Vorkriegsschleppern auch den F 18 wieder auf, verbesserte ihn allerdings in Teilen. (Foto: © Fendt AGCO GmbH)

Innerlich und äußerlich verändert: Das gezielte Eingehen auf Kundenwünsche beim Fendt F 15, das sich in einer Reihe von Zusatzausstattungen zeigte, wurde belohnt. Der Schlepper wurde bis 1957 gefertigt.

(Foto: © Sammlung Gebhardt)

dem erlaubten die Umstände keine nahtlose Fortsetzung der Produktion. Weil viele Bauern die ungeliebten Holzgastraktoren los werden wollten, bot Fendt deren Umrüstung auf Dieselaggregate an und verdiente mit diesen Diensten sein erstes Geld nach dem Krieg. Bald folgte der Zusammenbau einiger F 18-Modelle aus übriggebliebenen Teilen. Selbst der Holzgasschlepper wurde unter der Bezeichnung F 22 V noch bis 1946 angeboten.
Das Jahr 1950 brachte schließlich die Wende. Fendt konnte mit dem Universalschlepper F 15 eine völlig überarbeitete Neuauflage seines Dieselrosses anbieten. Schon äußerlich unterschied der Schlepper sich von seinen Vorgängern durch die modern-abgerundete Motorhaube sowie die grüne Lackierung. Der Motor kam jetzt und in Zukunft hauptsächlich von MWM und leistete bei diesem Modell 15 PS, das Getriebe entwickelte Fendt selber. Ein Fernthermometer und ein Öldruckbarometer waren beim Kauf schon an Bord. Optional konnte eine Reihe von Zusatzausrüstungen bezogen werden, so etwa ein elektrischer Anlasser, eine Seilwinde oder ein geschlossenes Fahrerhaus.
Fendt bot das Dieselross bald in verschiedenen Leistungsstufen an, die vom 15-PS-Kleindiesel bis zum 40-PS-Großschlepper reichten, und traf mit dieser Reihe voll ins Schwarze. Schon zu Beginn der 50er Jahre befanden sich die Marktoberdorfer in der Spitzengruppe der deutschen Traktorenanbieter, die sie von da an nicht mehr verließen.
Doch nicht nur national war Fendt erfolgreich, zusätzlich nahmen

Der Kleinschlepper Fendt F 12 wird auf diesem Plakat beworben. Gerichtet an Kleinbauern, produzierte ihn Fendt von 1952 bis 1958. (Foto: Sammlung Gebhardt)

Das Fendt-Modell F 25 P wartete mit einer höheren Motorleistung von 25 PS auf, die es von einem Zweizylinder-Viertaktdiesel vom Motorhersteller MWM erhielt. (Foto: © Fendt AGCO GmbH)

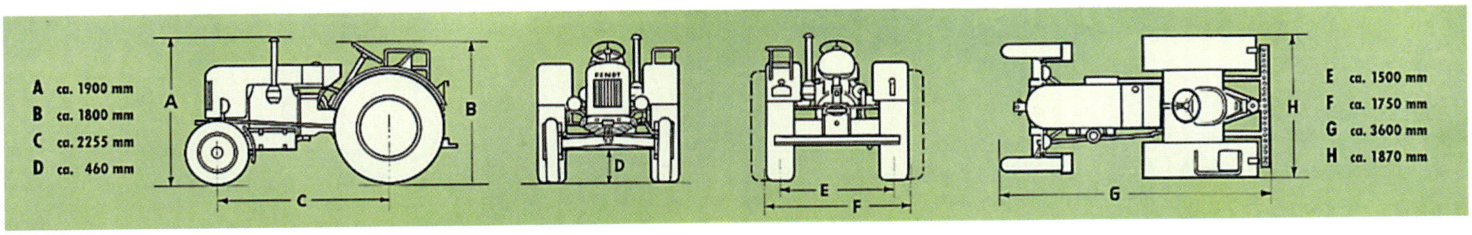

Stärkstes Fahrzeug dieser ersten Nachkriegsreihe von Fendt war der Großschlepper F 40, dem ein Dreizylinder-MWM-Motor 40 PS verlieh. (Foto: Sammlung Gebhardt)

die Verkäufe ins Ausland in diesen Jahren sprunghaft zu; in rund 30 Ländern fanden die Fendt-Traktoren ihre Käufer. Längst war das Unternehmen dem regionalen Rahmen entwachsen und schickte sich an, zu einer internationalen Größe zu werden.

Mit dem Geräteträger F 12 GT führte Fendt in dieser Zeit erfolgreich einen neuen Fahrzeugtyp ein, der in den kommenden Jahren weiter gepflegt und verbessert wurde.

»Fix«, »Farmer« und »Favorit« lösen das Dieselross ab

Den veränderten Marktbedingungen passte sich der Allgäuer Schlepperbauer Ende der 50er Jahre an und ersetzte die in die Jahre gekommenen Dieselrösser mit einer neu konstruierten Traktoren-Reihe, die gleich in drei unterschiedlichen Leistungsklassen angeboten wurde. Schlepper mit dem Namen »Fix« bedienten die mittlerweile rückläufige unterste Klasse von 15 bis 22 PS, solche mit der Bezeichnung »Favorit« deckten das begehrtere Mittelfeld der Leistungsstufen von 25 bis 65 PS ab, die Reihe »Favorit« endlich kümmerte sich um die zukunftsträchtigen und leistungsstärksten neuen Fendt-Traktoren im Bereich zwischen 40 und 110 PS. An Motoren kamen fast ausschließlich luftgekühlte MWM-Diesel zum Einsatz.

Diese FF-Reihe verkaufte sich glänzend und wurde deshalb ständig weiter verbessert und leistungsmäßig erweitert. Fendt entging aus diesem Grund dem Schicksal anderer Mitbewerber, die im mittlerweile sehr hart umkämpften Traktorenmarkt unter die Räder kamen.

Die Schlepper der FF-Reihe hatten von Anfang an mit veränderten Motorhauben aufgewartet; Ende der 60er Jahre änderten sich

diese dem Zeitgeschmack entsprechend noch radikaler und präsentierten sich nun sehr kantig und geradlinig. Mit dieser äußeren Überarbeitung ging ebenso eine der technischen Ausstattung einher. Noch leistungsstärkere Motoren – jetzt mit Direkteinspritzung – und innovative Entwicklungen wie die stufenlose Anfahrautomatik »Turbomatik« hielten Einzug in die neuen Typen.
Diese äußerst erfolgreiche Traktoren-Reihe wurde bis in die beginnenden Siebziger hinein gebaut.

Der Fendt-Schmalspurschlepper FLS 237 war gedacht für Wein-, Obst-, Hopfen-, Kaffe- und Tabakanbaugebiete. Fendt stellte das Fahrzeug von 1958 bis 1961 her. (Foto: © Fendt AGCO GmbH)

Fendt wird Marktführer in Deutschland

Mit dem »Agrobil« präsentierte Fendt 1972 ein Mehrzweckfahrzeug für den landwirtschaftlichen Einsatz bei Großbetrieben. Ausgerüstet mit einem 36-PS-Deutz-Motor wurde das Gefährt bis Anfang der 80er Jahre gefertigt.
Eine neue Traktorenreihe löste ab 1972 die FF-Serie ab. In der unteren und mittleren Leistungsklasse wurde die »Farmer 100«-Reihe eingeführt, deren Modelle mit Drei- und Vierzylinder-Dieselmotoren bestückt waren, die bis zu 75 PS leisteten. Weiterhin gehörten zur Ausstattung technische Leckereien wie Turbomatik, ein vollsynchrones Feinstufengetriebe und wahlweise auch ein Allradantrieb.
Ab 1974 kümmerte sich die preiswerte »Farmer 200«-Serie mit ihren Schmalspurvarianten um Sonderkulturen wie Wein- und Obstanbau. Zu Beginn der 80er Jahre gesellte sich eine weitere Farmer-Reihe mit der Kennzeichnung 300 hinzu und versorgte sehr erfolgreich das Feld zwischen 62 und 115 PS.
Die oberste Leistungsklasse bediente die »Favorit 600«-Serie, deren Sechszylinder-Diesel bis zu 135 PS zur Verfügung stellten, in ihrer LS-Variante sogar bis zu 150 PS. 1980 knackte Fendt mit dem Modell »Favorit 622 LSA« letztlich sogar die 200-PS-Marke.
Laufende Verbesserungen und Leistungszunahmen, technische Neuerungen und Fortentwicklungen hinsichtlich des Fahrkomforts führten Fendt Mitte der 80er Jahre, als eine zweite Niedergangswelle viele Mitbewerber erfasst hatte, auf den ersten Platz der

Den Geräteträger F 12 GT führte Fendt 1957 ein und startete damit im Unternehmen einen neuen Fahrzeugtyp neben den Schleppern. (Foto: Sammlung Gebhardt)

Fendt »Fix« war das kleinste Modell der neuen Fendt-Schlepperreihe, die ab 1958 vorgestellt wurde und die Dieselrösser ersetzte. Im Bild zu sehen ist der Typ »Fix 2« von 1959, der 19 PS von einem MWM-Motor bezog.

deutschen Fahrzeug-Zulassungsstatistik der Landwirtschaftsgerätehersteller. Erst im Laufe der 90er Jahre ging diese Position an den übermächtigen Konkurrenten John Deere verloren.
Die beiden Brüder Xavier und Hermann Fendt hatten sich bereits 1981 aus dem Unternehmen zurückgezogen und es in die Hände einer Führung gelegt, die nicht mehr aus der eigenen Familie stammte.

Die AGCO-Gruppe als sicherer Hafen für die Marke Fendt

Die 90er Jahre sahen neben einer neuen Generation an Farmer-/Favorit-Traktoren, deren größte Vertreter bis zu 230 PS leisteten und bis zu 50 km/h schnell fahren konnten, mit dem »Xylon« einen Systemtraktor, der ein ähnliches Konzept wie der »MB-trac« von Daimler verfolgte und in den Leistungsstufen 110, 125 und 140 PS zum Kauf stand.
Als besonders innovativ erwies sich das Mitte der Neunziger entwickelte, unter Last stufenlos verstellbare Vario-Getriebe, mit dem erstmals die »Favorit 900«-Reihe ausgestattet wurde, anschließend auch die übrigen. Der Fahrer brauchte sich mit dieser Automatik während des Fahrens nicht mehr um das Gängewechseln zu kümmern. Die neuen Vario-Schlepper-Reihen zeigten sich ab Ende des Jahrzehnts in einem neuen, sehr modern-futuristischen Design aus dem Hause Porsche und boten Leistungen bis hinauf zu 300 PS, später sogar noch darüber.
Trotz all dieser Fortschritte und Pioniertaten empfand die Familie Fendt nach den neuerlichen Turbulenzen, die die 90er Jahre für die Branche gebracht hatten, ihr Unternehmen als gefährdet. In dem amerikanischen Landwirtschaftsunternehmen AGCO (Allis-Cleaner Corporation), dem mittlerweile drittgrößten Anbieter von Landmaschinen, zu dem auch Massey Ferguson gehört, fand Fendt ab 1997 einen starken Partner und konnte dort als eigenständige Traktorenmarke weiterbestehen.
Ab 1998 erweiterte Fendt sein Fahrzeugangebot schrittweise um Mähdrescher, Häcksler und Ballenpressen aus dem AGCO-Werk in Dänemark, um zu einem Vollanbieter im Landwirtschaftsbereich zu werden.
Als reine Leistungsstudie wurde 2007 der gewaltige, dreiachsige »Trisix Vario«-Großtraktor vorgestellt, dessen Reihensechzylinder-Diesel von MAN unglaubliche 540 PS zur Verfügung stellte. Zu einer Serienproduktion indes kam es nicht.

Obwohl erst ab 1966 gebaut, zeigt sich der Fendt »Farmer 3 S« noch mit dem bisherigen, rundlichen Äußeren wie bei der Markteinführung Ende der Fünfziger. (Foto: BobbyCo, © GFDL)

Dieser Fendt »Favorit 3« aus dem Jahr 1965 zieht einen Mähdrescher hinter sich her. Sein Motor leistete 45 PS. (Foto: © Fendt AGCO GmbH)

Ab den späten 60er Jahren zeigte sich die Fendt-FF-Reihe in einem neuen, zeittypisch eckigen Design, wie hier auf einem Werbeplakat zu sehen. (Foto: Sammlung Gebhardt)

Diese Aufnahme zeigt auch den Fendt »Farmer 3 S« im neuen Gewandt. Die Leistung des modernisierten Traktors lag bei 48 PS. (Foto: W. Leiter, © CC-BY-SA 3.0)

Ab 1968 präsentierte sich auch der »Fix 2« den Kunden im neuen, kantigen Design. (Foto: © Fendt AGCO GmbH)

Der Fendt »Favorit 4S« kündigte im Jahr 1966 durch sein kantig-eckiges Äußeres die Ablösung der ersten FF-Reihe an. Sein MWM-Motor lieferte eine Leistung von 90 PS.

An Großbetriebe wendete sich das »Agrobil S«. Der Universaltransporter besaß einen 80-PS-Deutz-Motor und wurde zehn Jahre lang gebaut. Die Transportzeiten von Ernteladungen ließen sich mit ihm erheblich beschleunigen. (Foto: © Fendt AGCO GmbH)

1974 erschien mit dem »Farmer 200« eine neue Schlepper-Reihe der unteren Leistungsklasse, die sich auch für den Einsatz in Sonderkulturen eignete. (Foto: © Fendt AGCO GmbH)

Zu Beginn der 70er Jahre bediente neue Fendt Favorit 600er Reihe die Leistungsklasse der Großtraktoren. Das Modell 614 LS besaß einen Abgasturbolader, eine hintere Motorzapfwelle und einen Sechszylinder-Viertaktdiesel mit 135 PS Leistung. (Foto: © Fendt AGCO GmbH)

Um die gehobene Mittelklasse kümmerte sich mit Beginn der 80er Jahre die Reihe »Farmer 300«. Zur Ausstattung zählten Vierradbremse, Turbomatik und eine Komfortkabine. Das abgebildete Modell 308 LS wurde bis Mitte der 90er Jahre hergestellt. (Foto: © Fendt AGCO GmbH)

Der Fendt »Favorit 622 LS« erschien im Jahr 1980 und gehörte dank seines Sechszylinder-Direkteinspritzers mit 200 PS zur Oberklasse der Traktoren. Zu seinen Stärken zählte u.a. das Bearbeiten von schweren, großflächigen Böden. (Foto: © Fendt AGCO GmbH)

Die bislang höchste Leistung – nämlich 230 PS – bot zu Beginn der 90er Jahre der Fendttraktor »Favorit 824«. Es war das Spitzenmodell der neu eingeführten Favorit 800er Reihe. Dank seiner 50 km/h Spitzengeschwindigkeit war er auch auf der Straße flott unterwegs. (Foto: © Fendt AGCO GmbH)

Der Systemtraktor Fendt »Xylon« – Mitte der 90er Jahre eingeführt – war schnell und universell einsetzbar. Neben der Landwirtschaft zielte er auf u. a. auf Kommunen, Forstwirtschaft und Landschaftspflege. Die Motorleistung lag zwischen 110 und 140 PS. (Foto: © Fendt AGCO GmbH)

Der Fendt »Favorit 926 Vario« mit seinen 260 PS präsentierte 1995 der Öffentlichkeit erstmals das neue unter Last stufenlos verstellbare Vario-Getriebe. (Foto: © Fendt AGCO GmbH)

1999 brachte Fendt im brandneuen Design die Reihe »Farmer 400 Vario« auf den Markt. Diese Mittelklasse-Traktoren verfügten über die stufenlose Vario-Antriebstechnik. Im Bild zu sehen ist das Modell 415 aus dem Jahr 2006 mit 150 PS Leistung. (Foto: © Fendt AGCO GmbH)

Ein Fendt 720 Vario zieht einen Krampe-Kipper. Die 700er Serie – ursprünglich mit der eingebürgerten Bezeichnung »Favorit« versehen – hatte Fendt 1999 vorgestellt. (Foto: © Fendt AGCO GmbH)

Innerhalb der »Farmer 300«-Reihe wurde im Jahr 2006 das Vario-Getriebe eingeführt. Unter Weglassung des Namens »Farmer« erschienen damals die Vario-Reihen 309 bis 312. Im Bild zu sehen ist das Modell 313 Vario mit einer Leistung von 135 PS. (Foto: © Fendt AGCO GmbH)

Im Jahr 2009 erschien auch die »Farmer 200«-Reihe in der neuen Varioausführung. Das Modell Fendt 210 Vario besaß einen völlig neu entwickelten, wassergekühlten Motor von AGCO Sisu Power, der bis zu 100 PS zur Verfügung stellte. (Foto: © Fendt AGCO GmbH)

Klein genug für die Arbeit in Reihenkulturen: Der Fendt 210 Vario inmitten einer Mandelblüte. (Foto: © Fendt AGCO GmbH)

Fendt 939 Vario mit Zwillingsbereifung. Dieser Koloss von einem Traktor erschien 2010 und liefert eine beeindruckende Leistung von 390 PS. An bis zu 22 Schnittstellen an seiner Front und seinem Heck lassen sich Zusatzgeräte anschließen. (Foto: © Fendt AGCO GmbH)

Der dreiachsige, mit unglaublichen 540 PS ausgestattete »TriSix« von Fendt blieb eine Designstudie. (Foto: HCQ, © GFDL)

GÜLDNER

Güldner gehörte zu den Herstellern, die als Motorbauer begannen und die selbstentwickelten Aggregate nicht nur in den eigenen Traktoren verbauten, sondern zudem an konkurrierende Landmaschinenhersteller verkauften. Am Ende mussten jedoch beide Geschäftsfelder aufgegeben werden.

Güldner fertigt Zweitakt-Diesel

Hugo Güldner und Prof. Carl von Linde gründeten 1904 in München die »Güldner Motoren Gesellschaft«, die bereits zwei Jahre später nach Aschaffenburg verlegt wurde. Von Anfang an konzentrierte sich die junge Firma auf die Entwicklung von Motoren – sie gehörte dadurch mit zu den ältesten Motorenherstellern Deutschlands. Anfangs waren dies noch Stationärmotoren, zu Beginn der 30er Jahre hatte sich Güldner dann allerdings auf die Fertigung von mobilen Zweitakt-Dieselaggregaten spezialisiert.

Erste Versuche, auf dem Schleppermarkt ebenfalls Fuß zu fassen, waren noch nicht von Erfolg gekrönt. So erwiesen sich sowohl der Einbau eines Güldnermotors in einen ehemaligen Artillerieschlepper als auch die Anfertigung eines sogenannten »Hochleistungskrafttraktors« als Misserfolge. Davon ließ sich Güldner jedoch nicht entmutigen.

Einstieg in den Schleppermarkt

1931 folgte mit der Umrüstung von Fordson-Schleppern auf eigene Güldner-Motoren das nächste Engagement auf dem Gebiet der Landtechnik. Güldner stellte dafür erstmals Viertaktmotoren her – die beiden Firmengründer Güldner und Linde waren mittlerweile verstorben – und baute sie in die amerikanischen Traktoren ein. Vier Jahre später – Hitler war unterdessen an die Macht gekommen und begann im Rahmen seiner Autarkiepolitik die Motorisie-

A 28, der erste Nachkriegs-Schlepper von Güldner, besaß bereits einen Zweizylinder-Viertakt-Motor, jedoch noch nicht die für die 50er Jahre typische Güldner-Lackierung.

Dieses Plakat bewirbt den ersten Güldner-Traktor, der zum Verkauf stand: den Güldner A 20, gebaut von 1938 bis 1942 in rahmenloser Blockbauweise. (Foto: Sammlung Gebhardt)

In Zusammenarbeit mit Fahr erschien 1948 der Schlepper AF 30. Bereits grün lackiert, aber noch nicht in moderner Formgebung ausgeführt, besaß das Fahrzeug einen Zweizylinder-Diesel mit 30 bis 32 PS. (Foto: Sammlung Gebhardt)

rung der Landwirtschaft zu fördern – nahm Güldner Anlauf zum Bau eines ersten eigenen Schleppers. Der T 40 genannte Prototyp verfügte über einen Vierzylinder-Motor mit 40 PS Leistung und war mit einem Dreigang-Getriebe von Fordson ausgestattet.

Doch der Erfolg sollte noch einmal drei Jahre auf sich warten lassen. Mit dem A 20 stand 1938 der erste echte Güldner-Traktor zum Verkauf. Mit seinem wassergekühlten 20-PS-Einzylindermotor unterschied er sich allerdings nicht sehr von all den anderen Kleinschleppern der damaligen Zeit. Trotzdem markierte er und die ihm folgenden, teilweise bereits mit Zweizylindern ausgestatteten A 30/40-Traktoren den Beginn eines neuen, gewinnversprechenden Geschäftsfelds für Güldner, dem zweiten neben der bisherigen Motorenfertigung.

Der Ausbruch des Zweiten Weltkrieges unterbrach die Herstellung dieser Reihen. Stattdessen baute Güldner wegen den kriegsbedingt strengen Treibstoff-Einsparauflagen in Zusammenarbeit mit der Firma Deuliewag nun Holzgas-Schlepper mit der Bezeichnung AZ 25. Aufgrund der schweren Kriegsbeschädigungen des Aschaffenburger Werkes wurde die Produktion des zugehörigen Holzgasmotors ab 1944 in die Werke der Firma Fahr verlagert.

Kleinschlepper und Motoren auch nach dem Krieg

Nach dem Wiederaufbau des Güldner-Werkes in Aschaffenburg nahm das Unternehmen die Produktion wieder auf und blieb dabei seiner Zweizylinder-Tradition treu. Ab 1946/47 entstanden die Zweizylinder-Schlepperreihen A 28 und A 30, ein Jahr später in Zusammenarbeit mit Fahr der AF 30. Der Kleinschlepper A 15 und

Der Güldner AF 20, 1951 auf den Markt gebracht, war einer der ersten Vertreter der neuen Schlepperserie im Haifischdesign.

1954 kam mit 16 PS der unteren Leistungsklasse zugehörige Güldner ALD auf den Markt. Sein Motor war erstmals bei Güldner luftgekühlt.

sein Nachfolger ADN wurden zu großen Verkaufserfolgen. Ersteres Modell führte eine neue, markante Haubengestaltung ein, das viele Beobachter an ein Haifischmaul erinnerte und für ein paar Jahre die Güldner-Traktoren zierte. Am meisten kam bei den Kunden der ADN an, dessen Zweizylinder-Viertakt-Diesel zwischen 16 und 18 PS leistete und bis 1959 produziert wurde.

Auch auf dem Gebiet der Motorfertigung konnte Güldner in den 50er Jahren seinen guten Ruf mit der Entwicklung von neuen Typen mit Wasser- und Luftkühlung weiter ausbauen und festigen. Dabei verwendete er seine Motoren nicht nur in den eigenen Schleppern, sondern lieferte sie ebenfalls an diverse Unternehmen aus dem Bereich der Traktorindustrie. Vertreter dieser neuen Schlepper waren das Modell AZK mit 12/14 PS im unteren Leistungsbereich, der erstmals mit Luftkühlung ausgestattete Schlepper ALD mit 16 PS, die mittelstarken ABN und ABL mit 25 PS sowie das Schwergewicht in der oberen Klasse, der 35-PS-starke AFN.

1959 führte der Aschaffenburger Hersteller – wiederum in Zusammenarbeit mit Fahr – seine »Europa«-Schlepper-Reihe ein. Beide Firmen brachten diese Traktoren mit unterschiedlichen Leistungsstufen in äußerlich nur gering unterscheidbaren Varianten auf den

Von 1954 bis 1958 produzierte Güldner den 25-PS-Mittelklasseschlepper ABN, der über sechs Vorwärts- und einen Rückwärtsgang verfügte.

12 bis 14 PS stellte der von 1953 bis 1958 hergestellte Güldner AZK zur Verfügung. (Foto: Volkov Vitaly, © CC-BY-SA 1.0)

Auch der Güldner ALK von 1955 visierte mit seinem 12-PS-Diesel die Kundschaft von leistungsmäßig schwächeren und preiswerteren Schleppern an.

Markt; auffälligster optischer Unterschied war die Farbgebung, bei Fahr waren die Modelle in Rot lackiert, bei Güldner in Hellgrün. Außerdem verabschiedete man sich wieder von der »Haifischmaul«-Motorhaube. Güldner steuerte den 15 PS starken »Spessart« mit Allradantrieb sowie das 20-PS-Modell bei. Ein weiterer Traktor von Güldner und Fahr, das die mittlere Leistungsklasse bediente, hörte auf den Namen »Burgund«.

Die Kooperation mit Fahr hatte Güldner gewählt, weil die bisher gutgehende Geschäftslage auf dem Traktorenmarkt sich durch Marktsättigung und die gewandelten Ansprüche der Kunden ins Gegenteil zu verkehren begann.

Mit größeren Traktoren noch einmal zum Erfolg

In den frühen 60er Jahren erweiterte Güldner sein Schlepperangebot um Modelle der G-Reihe, die – in Abkehr der bisherigen Tradition – über Motoren mit Drei-, Vier-, ja sogar Sechszylinder verfügten, teilweise von Perkins und von Daimler stammten und bis zu 75 PS leisteten. 38 PS stark war hierbei der Güldner G 40 mit luftgekühltem Dreizylinder-Motor und einem zwölfgängigen Getriebe, der sich an mittlere und große Betriebe richtete. Das Spitzenmodell dieser Zeit hörte auf die Bezeichnung G 75 A und war mit einem Sechszylinder-Diesel ausgestattet, der in seiner Allradversion 75 PS, ansonsten 65 PS leistete. Dies und ein Getriebe mit insgesamt 17 Gängen machten ihn nicht nur für den Einsatz auf großen Landwirtschaftsflächen fit, sondern prädestinierten ihn zudem für die Wald- und Forstwirtschaft.

Mit neu gestalteter Motorhaube präsentierte sich Ende der 50er Jahre die gemeinsam mit Fahr herausgegebene Europa-Schlepper-Reihe. Im Bild das 15-PS-Modell A2 KS »Spessart«, welches auch bereits die bisherige grüne Lackierung aufgibt. (Foto: Joost J. Bakker, © CC-BY-SA 2.0)

Ein weiteres Modell der Europareihe war der Schlepper A2 L »Tessin«, dessen luftgekühlter Zweizylinder-Viertakt-Reihendiesel 20 PS leistete. (Foto: W. Leiter, © GFDL)

Ebenfalls zur Europa-Reihe gehörte das Modell A3 K »Burgund«. Von 1960 bis 1962 fertigte Güldner diesen 25 PS starken Traktor. (Foto: Ulli1105, © CC-BY-SA2.5)

Die neuen Modelle unterschieden sich von den bisherigen Güldner-Traktoren nicht nur in der Technik, sondern zusätzlich in ihrer Farbgebung, denn sie waren im Gegensatz zum bisher dominierenden Grün in auffallendem Rot lackiert.

Viele der neuen Traktoren-Modelle gab es mit Allradantrieb. Dank eines neuen Güldner-Motors kam das D 177-Modell von Fahr bei der Kundschaft gut an – in der Güldner-Version hieß es »Toledo«. Die Kooperation ging jedoch bereits 1961 abrupt zu Ende, denn zu diesem Zeitpunkt stieg Klöckner-Humboldt-Deutz bei dem Unternehmen aus Gottmadingen ein.

Das Ende als Traktoren- und Motorhersteller

Obwohl Güldner mit seiner G-Reihe alle Leistungsklassen und Anwendungsbereiche abgedeckt hatte, war der Abwärtssog nicht mehr aufzuhalten. Der Traktoren-Markt war gesättigt, wozu die zunehmende Zahl an starken Mitbewerbern aus dem Ausland ihren Teil beitrug, die erfolgreich auf den deutschen Markt drängten. Zusätzlich brachen in dieser Zeit viele gute Motorenabnehmer weg, sodass sich die kostenintensive Entwicklung nicht mehr rechnete. Als dann schließlich noch der Getriebe-Lieferant ZF die Herstellung seiner Produkte für die unteren Leistungsklassen einstellte (unter diesem Problem litten andere Landmaschinenhersteller ebenso), war 1969 für die Aschaffenburger das Ende als Schlepper- und Motorbauer gekommen. Die Linde AG übernahm daraufhin Güldner, stellte die Produktion von Traktoren ganz ein und produziert seither stattdessen unter eigenem Namen Flurfahrzeuge – eine Sparte, in die Güldner schon Ende der 50er Jahre eingestiegen war. Der Name Güldner hingegen ist vom Markt verschwunden.

Dieses Plakat bewarb den Güldner G 50A und seinen Allradantrieb. Vorgestellt wurde der Schlepper 1963; er verließ bis Ende der 60er Jahre die Güldner-Werkshallen. (Foto: Sammlung Gebhardt)

Die letzte Schlepper-Reihe von Güldner erschien ab den frühen 60er Jahren und war endgültig in roter Farbe und nochmals leicht verändertem Design gehalten. Das Modell G 30 besaß einen luftgekühlten Dreizylinder-Viertakt-Reihendiesel mit 30, später 32 PS. (Foto: W. Leiter, © CC-BY-SA 2.5)

60 PS stark und bis zu 30 km/h schnell war der Güldner G 60 von 1968. Verkauft wurden jedoch nicht einmal mehr 300 Exemplare. (Foto: W. Leiter, © CC-BY-SA 3.0)

GUTBROD

Die spätere Firma Gutbrod war – damals noch unter dem Namen »Standard« – ursprünglich vor allem durch ihre Motorräder, Automobile und Lieferwagen bekannt geworden. Nach der Einstellung der Pkw- und Lkw-Herstellung in den 50er Jahren konzentrierte sich Gutbrod u. a. auf Kleinschlepper für den Garten- und kommunalen Bereich samt Zubehör. Heute verlassen vor allem motorbetriebene Rasenmäher das Werk in Bübingen bei Saarbrücken.

Motorräder, Klein- und Lieferwagen der Marke »Standard«

Wilhelm Gutbrod, Jahrgang 1890 und Maschinenbauingenieur aus Gerlingen/Stuttgart, hatte mit der Konstruktion eines Zweitakt-Motorrades und der Entwicklung eines Dieselmotors schon Erfahrungen in seinem Beruf bei zwei Betrieben sammeln können, als er im Jahr 1926 gemeinsam mit einem Partner im württembergischen Ludwigsburg die Firma »Standard-Fahrzeug-Fabrik GmbH« ins Leben rief. Als technischer Leiter und Geschäftsführer in einer Person begann er mit der Fertigung von sehr erfolgreichen Motorrädern, die er kurz und schmerzlos »Standard« taufte.

Den Motorrädern folgte 1933 der Einstieg in den Bereich der Kleinwagenproduktion mit den Modellen »Standard Superior 400/500«. Erfolgreicher als diese Kleinwagen verkauften sich jedoch die robusten drei- und vierrädrigen Lieferwagen des schwäbischen Firmengründers. Gutbrods Betrieb war zu dieser Zeit bereits von Ludwigsburg nach Feuerbach/Stuttgart umgezogen; 1937 wurden die Zelte erneut abgebrochen und im weiter südlich gelegenen Plochingen wieder aufgeschlagen.

Den ersten deutschen Motorrasenmäher stellte Gutbrod 1939 vor. Mit diesem Produkt für den Gartenbereich betrat das Unternehmen sein langlebigstes, bis heute fortdauerndes Geschäftsfeld. Bereits im Jahr zuvor war das »Standard« in der Firmenbezeichnung durch den Namen des Geschäftsführers Gutbrod ersetzt worden.

Kleintraktoren und -Motorrasenmäher nach dem Krieg

Weil das Gutbrod-Werk in Plochingen sowohl starke Kriegsbeschädigungen aufwies als auch der Teil-Demontage durch die Siegermächte zum Opfer fiel, waren die Schwaben gezwungen, anderswo eine neue Bleibe für die Fortsetzung ihrer Produktion zu suchen. Fündig wurden sie in Bübingen bei Saarbrücken.

Nach dem Tod von Wilhelm Gutbrod im Jahr 1948 übernahm sein Sohn die Geschäftsführung. Er ließ in den Folgejahren nicht nur die Pkw- und Lkw-Herstellung wieder aufleben, sondern erweiterte das Produktspektrum auf Geräte für den Landschafts- und Gartenbereich. Neben Motorgrasmähern und Motorhacken entstand 1950 mit der »Farmax Ackerbaumaschine« ein universell einsetzbarer Geräteträger, der aufgrund seiner Konstruktion auf der Stelle wenden konnte, für einen größeren kommerziellen Erfolg aber untermotorisiert war.

»Farmax Standard« hieß eine Serie von leichten und mittleren Traktoren mit Leistungen von 15 bis 40 PS, die Gutbrod auf Verlangen der Besatzungsmächte nach Frankreich zu liefern hatte.

Die Geschäfte liefen nicht so gut, wie erhofft: 1953 musste ein Teil des Betriebes wegen Zahlungsunfähigkeit veräußert werden. Nach der Einstellung der Motorradproduktion, die nicht mehr an die Vorkriegserfolge hatte anknüpfen können, wurde 1954 auch die Pkw- und Lkw-Fertigung gestrichen.

Gutbrod konzentrierte sich ab 1957 auf Geräte und Fahrzeuge für den Landschafts- und Gartenbereich und schloss das bis dahin immer noch zum Unternehmen gehörende Plochinger Werk. Unter der neuen Firmenbezeichnung »Gutbrod Werke GmbH« ent-

In den 60er Jahren begann Gutbrod mit der Produktion von Kleintraktoren. Das abgebildete Modell 1031 stammt aus dem Jahr 1967 und verfügte über 12 PS Leistung.

Superior 1032.

Der Gutbrod Superior 1032 war für den Einsatz im kommunalen Bereich und im Gartenbau gedacht. Seine Leistung lag bei 10 PS.

Der Kleintraktor Gutbrod 2500 wurde seit Beginn der 70er Jahre hergestellt. Seine 20 PS kamen wahlweise von einem Renault-Benzin- oder einem Kubota-Dieselmotor.

standen nun Kleintraktoren, Spezialschlepper und Motormäher. 1962 rollte der erste Kleintraktor aus den Bübinger Hallen, ein Jahr später kamen unter dem Namen »Superior« Fahrzeuge für Gartenbaubetriebe und den kommunalen Bereich auf den Markt. Einsatzgebiete für die Kleintraktoren samt Zubehör waren beispielsweise Rasen- und Sportplatzpflege, Grünlandpflege und Bodenbearbeitung sowie Kehr- und Winterdienste.

1974 erweiterte Gutbrod sein Produktangebot um Weinberg- und Kommunalschlepper des Traktorbauers Bungartz & Peschke, der damals seine Tore schloss.

Gutbrod als Rasenmähermarke von MTD

Mitte der 90er Jahre übernahm der weltweit größte Anbieter von motorgetriebenen Gartengeräten, die »Modern Tool and Die Company« (MTD) aus den USA, die kleine deutsche Firma und verlegte gleich ihren Europa-Hauptsitz nach Bübingen. Gutbrod behielt den Namen und stellte fortan als eine Marke des amerikanischen Unternehmens Motorrasenmäher zum Schieben von Hand sowie traktorähnliche zum Aufsitzen her.

HANOMAG

Schon Jahre bevor sie ins Traktorengeschäft einstieg, war die 1835 von Georg Egestorff in Linden bei Hannover gegründete »Eisen-Gießerei und Maschinenfabrik« weltweit bekannt geworden. Nach dem Bau von Dampfkesseln und Dampfmaschinen hatte das Unternehmen nur zehn Jahre nach seiner Gründung auch mit der Herstellung von Lokomotiven begonnen und es auf diesem Geschäftsfeld in den folgenden Jahren zu einer deutschland-, ja sogar europaweiten Spitzenstellung gebracht.

Der Radschlepper WD R 26 war Hanomags erster großer Erfolg auf dem Traktorensektor 1924. Sein vierzylindriger Mehrstoff-Ottomotor leistete 26 PS. (Foto: © R. Weinreich)

Der telegrafiekonforme Firmenname

Profitierend vom wirtschaftlichen Boom nach Gründung des Deutschen Reiches, wurde 1871 die Maschinenfabrik in die »Hannoversche Maschinenbau Actien-Gesellschaft« umgewandelt – Egestorff war drei Jahre zuvor verstorben. Mit der Ausweitung des Produktportfolios auf Lokomobile fand dann der erste Kontakt zur Landwirtschaft statt, denn diese dampfgetriebenen Fahrzeuge dienten oft als Antrieb von Landmaschinen.

Weil der lange Firmenname im Geschäftsalltag eher hinderlich war – beispielsweise störten die hohen Kosten, die beim Geschäftsverkehr mittels Telegrafie anfielen –, verkürzte man diesen 1904 auf »Hanomag«. Einige Jahre darauf firmierte das Unternehmen offiziell unter diesem Namen.

Zögerliches Bekenntnis zum eigenen Radschlepper

Hanomag hatte mit dem Bau von Nutzfahrzeugen (Lkw) bereits begonnen, als der Betrieb 1912 mit dem WD-Großpflug seine erste direkt für die Landwirtschaft vorgesehene selbstfahrende Maschine auf den Markt brachte. Das Ungetüm wurde von einem Benzolmotor angetrieben, war jedoch zu groß und zu teuer, um irgendwo anders als auf großen Landwirtschaftsgütern zum Einsatz zu kommen. Und auch dorthin wurde das 80 PS starke Gerät nicht allzu oft verkauft. Immerhin forderte Frankreich eine Anzahl

Seit den 30er Jahren erschienen die Hanomag-Traktoren ohne WD-Bezeichnung, dafür besaßen sie nun einen Dieselmotor. (Foto: Sammlung Gebhardt)

dieses Großpfluges nach dem Ersten Weltkrieg als Reparationsleistung ein. Zudem endete seine Produktion erst zu Beginn der 20er Jahre.
Noch vor dem Baubeginn von Radschleppern startete Hanomag 1919 die Entwicklung von Kettenschleppern, die beispielsweise in der Forstwirtschaft Verwendung fanden. Leistungsstarkes Spitzenmodell mit 50 PS war der anfangs der 30er Jahre vorgestellte K 50, der bereits mit dem Erfolgsdieselmotor D 52 ausgerüstet war und bis 1944 gebaut wurde.
Zu einem ungeahnten Erfolg geriet der Einstieg Hanomags in den Radschleppermarkt im Jahr 1924 mit dem Modell »WD-Radschlepper R 26 A«. Anfangs wurde als Hersteller eine Art »Tarnname« verwendet – offiziell schob Hanomag die Deutsche Kraftpfluggesellschaft Berlin vor. Erst als der Schlepper in immer höheren Stückzahlen die Werkshallen verließ, bekannten sich die Hannoveraner zu ihrer richtungsweisenden Konstruktion. Der R 26 A war nach Art der US-amerikanischen Fordson-Traktoren in moderner rahmenloser Blockbauweise gefertigt. Ihm folgte 1928 der zunächst ebenfalls noch mit Vergasermotor und Eisenbereifung versehene R 28 nach.

Aufstieg zum führenden deutschen Schlepperbauer

Dem Erfolg auf dem Traktorensektor folgte dann eine kurze, aber schwere Krise, denn der Börsenkrach von 1929 setzte Hanomag in besonderem Maße zu. Trotz Zahlungsunfähigkeit rettete jedoch ein Vergleich mit den Gläubigern das Unternehmen vor dem Bankrott. 1932 erfolgte die Übernahme durch die »Vereinigte Stahlwerke (Bochumer Werke)«.
Während der Krisenzeit hatte Hanomag aber den nächsten Coup vorbereitet. Das Unternehmen stellte mit dem vierzylindrigen D 52 erstmals einen für Traktoren geeigneten Dieselmotor vor. Der 1931 auf den Markt gebrachte RD 36 wurde dadurch zum weltweit ersten Dieseltraktor.
Hanomag verbaute diesen Motor nicht nur in seinen brandneuen Schlepperreihen, sondern ebenso in dem weiterhin verkauften, mittlerweile mit Gummireifen versehenen Erfolgsmodell R 28. Robust und zuverlässig gehörte dieses Dieselaggregat über Jahrzehnte hinweg zur Ausstattung der schweren Hanomag-Schlepper.
Schon äußerlich völlig aus dem Rahmen fiel 1937 der Bauernschlepper RL 20, der mit seinen vier gleichgroßen Rädern und der Motorhaube eher an einen Pkw als an einen Traktor erinnerte. Seine Entstehung verdankte er dem Umstand, dass eine ausreichende Mechanisierung bei kleinen und mittleren deutschen Landwirtschaftsbetrieben, wie sie für Hitlers kriegsvorbereitend angestrebte Nahrungsmittelautarkie notwendig gewesen wäre, kaum existierte. Genau an dieses Klientel richtete sich das 20 PS starke, preiswerte Fahrzeug. Das Kalkül ging vollkommen auf und bescherte dem RL 20 in seiner Klasse einen ebenso großen Verkaufserfolg, wie dies dem Radschlepper R 40 im Bereich der schweren Traktoren einige Zeit später gelang. Hanomag, bisher in Deutschland vor allem mit den Firmen Lanz und Deutz konkurrierend, hatte sich Ende der 30er Jahre zum Marktführer auf dem Schleppersektor aufgeschwungen.

Den K 50 Kettenschlepper baute Hanomag von 1933 bis 1943. Auf Holzgasbetrieb umgerüstet, fand er auch noch während des Zweiten Weltkriegs Verwendung. (Foto: Sammlung Gebhardt)

Der Bauernschlepper RL 20 wurde bis ins Jahr 1942 verkauft, danach stellte Hanomag bis Kriegsende nur noch Fahrzeuge mit Holzgasantrieb her. Zu diesen gehörten die umgerüsteten R-40-Rad- und K-50-Kettenschlepper. Aufgrund der Zugehörigkeit zu den Bochumer Werken produzierte Hanomag schon seit Jahren stark für die Rüstung; der Umfang hatte sich im Lauf der Zeit weiter erhöht. Zusammen mit der »Maschinenfabrik Niedersachsen GmbH« (MNH) stellte Hanomag z. B. Panzer, Haubitzen, Schützenpanzer- und Zugkraftwagen her.

Der verhängnisvolle Zweitakt-Diesel

Trotz seiner Funktion als Rüstungsbetrieb war der größte Teil der Fabrikationsanlagen unzerstört geblieben. Deshalb nahm Hanomag bereits kurz nach Kriegsende die Produktion seines erfolgreichen schweren Radschleppers R 40 wieder auf. Rechnet man seine diversen Nachfolger mit ein, die alle auf seiner Konstruktion basierten, dann wurde dieses Fahrzeug im Grunde bis in die 60er

Sehr erfolgreich: der Hanomag RL 20 von 1937 mit seinen vier gleich großen Rädern. (Foto: © R. Weinreich)

Den 40 PS starken R 40 stellte Hanomag im Jahr 1942 vor. In einer Holzgasausführung entstand er auch während des Kriegs. Bis 1948 erschien er wieder mit Dieselmotor. Im Bild ist ein Modell aus dem Jahr 1946 zu sehen. (Foto: © R. Weinreich)

Jahre hinein hergestellt. Den Bauernschlepper RL 20 hatte Hanomag für eine kurze Zeit ebenfalls nochmals aufgelegt.

1948 konzentrierte sich das Unternehmen auf den Bau von Ackerschleppern und Schnelllastwagen. Eine Fortsetzung der Personenkraftwagen-Sparte zu Beginn der 50er Jahre war geplant, kam aber nicht mehr zustande.

Der erste neue Traktor Hanomags nach dem Krieg war der Allzweckdieselschlepper R 25, der sich wie sein Vorgänger glänzend verkaufte und nicht nur technisch hochmodern war, sondern auch äußerlich keine Ähnlichkeit mehr mit dem RL 20 besaß. Der R 25 und seine mittelschweren Nachfolger stützten in den kommenden Jahren das Unternehmen. Mit den Modellen R 16 und R 22 entstanden nun leichtere Vertreter der R-Reihe.

1952 fand mit der Übernahme Hanomags durch die »Rheinstahl-Union« nach zwanzig Jahren ein neuer Besitzerwechsel statt. Das Unternehmen prosperierte und holte sich um die Mitte des Jahrzehnts seine Marktführerschaft zurück.

Da beging die Hanomag AG einen schweren Fehler. Die anfänglichen Erfolge mit dem im neuen leichten Modell R 12 erstmals eingeführten Zweitakt-Motor verführten die Verantwortlichen zu dem Vorhaben, zukünftig in dieser Leistungsklasse ganz auf Zweitakt-Diesel setzen zu wollen. Doch der Motor bewährte sich in der Praxis nicht, er erwies sich als unausgereift und beschädigte nachhaltig das Image der Hannoveraner. Selbst Nachbesserungen und Modernisierungen im Erscheinungsbild des R 12 und seiner Nachfolger konnten nicht verhindern, dass Hanomag vom Thron der Traktorhersteller gestoßen wurde. Dabei entwickelte der Betrieb extra für diese kleine Schlepper-Reihe das sogenannte Combitrac-System, das aus den Schleppern durch die Anbaumöglichkeit verschiedenster Arbeitsgeräte Maschinen für alle Zwecke machte. Erst zu Beginn der 60er Jahre kehrte das Unternehmen dem Zweitakt-Diesel endgültig den Rücken.

Das Nachkriegsprogramm von Hanomag auf einen Blick: Raupenschlepper KV 50, Radtraktor R 40 und der neue R 25. (Foto: Sammlung Gebhardt)

Der R 25 D war Hanomags erster neu entwickelter Nachkriegstraktor und kam 1949 auf den Markt. Er leistete 25 PS.

Mit einer neuen Viertakter-Schlepperserie gegen die Krise

Der verhängnisvolle Image-Schaden wegen den ins Gerede gekommenen Zweitakter-Modellen ließ nicht allein die Verkaufszahlen von Hanomag immer weiter zurückgehen; die unteren Leistungsklassen konnten in der ganzen Traktorbranche gegen Ende der 50er Jahre immer schlechter verkauft werden. Die »Rheinstahl Hanomag AG«, wie sie mittlerweile hieß, versuchte dieser Krise zum einen durch Ausweitung ihrer Exportbemühungen (Südamerika), zum anderen durch Konzentration auf Viertakt-Modelle zu begegnen. Letztere erhielten 1957 neue dreiziffrige Typenbezeichnungen sowie die abgerundete Motorhaube der Zweitakter, hielten sich aber ansonsten mit technischen Änderungen noch zurück. Außerdem wurde das Combitrac-System auf alle Traktormodelle ausgeweitet.

Als weitere Maßnahme gegen die Absatzkrise ging Hanomag 1962 eine Kooperation mit Bautz ein, die u. a. vorsah, dass beide Unternehmen alle Leistungsklassen an Schleppern gemeinsam anbieten sollten. Weil sich aber die schwächeren Modelle, für die Bautz zuständig war, kaum noch verkaufen ließen, fand die Zusammenarbeit bereits ein Jahr später wieder ihr Ende.

Erst im Laufe der 60er Jahre erschien eine wirklich neue Schleppergeneration mit teuer entwickelten neuen Motoren und Getrieben und wiederum geänderten Bezeichnungen. Die neue Reihe bestand aus den Typen »Perfekt 300/400« (25/32 PS), »Granit 500« (38 PS), »Brillant 600« (50 PS) und dem Spitzenmodell »Robust 900« (85 PS). Der französische Designer Louis L. Lepoix entwarf für die neue Schlepper-Reihe neue, kantige Motorhauben, mit denen zuerst die Perfekt-Schlepper, später zusätzlich die anderen Typen ausgestattet wurden. Die Granit- und Brillant-Modelle erhielten schließlich weitere technische Verbesserungen, darunter neue Wirbelkammer-Dieselmotoren, um den Vorsprung einzuholen, den die Mitbewerber mittlerweile auf einigen Gebieten erlangt hatten.

Baumaschinen statt Traktoren

Obwohl diese letzte Traktorenserie von Hanomag technisch sehr hochwertig konstruiert war und sich die verkauften Exemplare lange im praktischen Einsatz befanden, konnten die Hannoveraner das Ruder nicht mehr herumreißen. Der Marktanteil war stetig gesunken, nicht jedoch die Herstellungskosten – Hanomag zog 1971 die Notbremse und beendete das verlustreich gewordene Schleppergeschäft. Die Ersatzteilversorgung sowie das Hanomag-Händlernetz übernahm Mitbewerber Deutz. Die Hannoveraner, die bereits ein Jahr zuvor aus der Lkw-Produktion ausgestiegen waren, konzentrierten sich nunmehr ganz auf die Herstellung von Baumaschinen, eine Sparte, um die sich Hanomag schon seit den frühen 30er Jahren kümmerte.

In den folgenden zwanzig Jahren folgten mehrere Übernahmen der Traditionsfirma durch andere Unternehmen, das erste davon war 1974 Massey Ferguson. Seit den 90er Jahren gehört Hanomag zum weltweit zweitgrößten Baumaschinenhersteller, dem japanischen Konzern Komatsu. Der Name der Hannoveraner Firma wurde 1995 geändert in »Komatsu-Hanomag AG«. Nach der hundertprozentigen Übernahme Hanomags durch Komatsu und der Änderung der Rechtsform 2002 erfolgte eine weitere Namensänderung in »Komatsu-Hanomag GmbH«. Diese stellt u. a. mittelschwere Radlager, Mobilbagger und Compaktoren für den europäischen Markt her.

Der R 25 wird bei seinem Erscheinen in einem anspruchsvoll gestalteten Prospekt vorgestellt und beworben. (Foto: Sammlung Gebhardt)

In der zweiten Hälfte der 50er Jahre erschien der vom R 24 abgeleitete R 18 mit einer Leistung von lediglich 18 PS. Gegenüber den Vorgängern war die Haubenform überarbeitet und abgerundet worden. (Foto: Sammlung Gebhardt)

Von 1953 bis 1957 an baute Hanomag den R 27 in Halbrahmenbauweise. (Foto: W. Leiter, © CC-BY-SA 2.5)

Zweizylinder-Viertakt-Reihendiesel mit 19 PS, rahmenlose Blockbauweise, Fichtel & Sachs-Einscheiben-Trockenkupplung, fünf Vorwärts- und ein Rückwärtsgang sowie auf Wunsch eine Heckzapfwelle sind die Eckdaten des Hanomag R 19. Der Anfang der 50er Jahre eingeführte Traktor besaß noch nicht die neue Haubenform. (Foto: Sammlung Gebhardt)

1957 änderte Hanomag die Bezeichnung seiner Traktoren und führte dreistellige Ziffern ein. Nicht nur neue Schlepper wurden so benannt, sondern auch bereits eingeführte. Aus dem R 18 wurde so der R 218. (Foto: Sammlung Gebhardt)

Eine dreistellige Ziffer in der Bezeichnung wies der Hanomag R 450 auf. Gefertigt ab 1958, verfügte der Traktor über eine Motorleistung von 50 PS. (Foto: © Ralf Weinreich)

Ein überarbeitetes Design zeigte zu Beginn der 60er Jahre der R 442 »Robust«. Die Leistung seines Vierzylinder-Viertakt-Diesels betrug zwischen 42 und 50 PS.

Von 1963 bis 1964 baute Hanomag den 33-PS-Schlepper »Perfekt 400«. Er besaß neben sechs Vorwärts- auch zwei Rückwärtsgänge.

Mitte der 60er Jahre veränderten die Hanomag-Traktoren erneut ihr Aussehen. Das Modell »Perfekt 301« mit 24 PS Leistung erscheint in einem neuen, eckigen Äußeren.

In roter Lackierung erschien 1957 der Hanomag R 430. In Halbrahmenbauweise ausgeführt, leistete der Motor dieses für den Export bestimmten Modells 27 PS. (Foto: Werktuigendagen, © CC-BY-SA 2.0)

Der Hanomag R 455 wurde nur ein Jahr lang hergestellt, von 1957 bis 1958. Sein Vierzylinder-Viertakt-Reihendiesel leistete 55 PS. Wahlweise konnte er mit fünf Vorwärtsgängen und einem Rückwärtsgang oder aber mit jeweils der doppelten Gangzahl bezogen werden. (Foto: Brbbl, © CC-BY-SA 3.0)

Ebenfalls Mitte der 60er Jahre stellte Hanomag das Modell »Granit 500 E« vor. Der wassergekühlte Motor leistete 40 PS.

Gegen Ende der 60er Jahre veränderten die Hanomag-Traktoren erneut ihr Design, wenn auch nur leicht. Im Bild die erneuerte Version des »Granit 500 E«. (Foto: Perfekt 401 es, © CC-BY-SA 2.5)

Auch hier im Bild die Ende der 60er Jahre äußerlich veränderte Variante des Hanomag »Brillant 600«, der – noch mit rundlicher Haube – erstmals zu Beginn des Jahrzehnts erschienen war. (Foto: Robust 901 es, © CC-BY-SA 3.0)

Hanomag »Robust 901 S« von der Seite. (Foto: Robust 901 es, © CC-BY-SA 3.0)

Von 1969 bis 1970 baute Hanomag den »Robust 901«. Sein Sechszylinder-Viertakt-Reihendiesel stellte 62 PS zur Verfügung. Neben zwölf Vorwärtsgängen besaß der Traktor noch drei Rückwärtsgänge. Mit Ablauf dieser letzten Serie beendete Hanomag den Traktorenbau. (Foto: Perfekt 401 es, © CC-BY-SA 3.0)

(Foto: Slick, © CC-BY-SA 1.0)

HATZ

Als Traktorhersteller war Hatz eher von regionaler Bedeutung. Auch bedeutete dieses Geschäftsfeld bloß ein Zwischenspiel in der hundertjährigen Geschichte der Firma, die einst als Motorhersteller begonnen hatte. Trotzdem hinterließ Hatz hier seine Spuren. Weltweite Bedeutung erlangte der Betrieb hingegen mit der Entwicklung und Fertigung von Kleindieselmotoren.

Reparatur von Dampfmaschinen

Als Matthias Hatz im Jahr 1880 eine Reparaturwerkstatt für Dampfmaschinen und andere landwirtschaftliche Geräte gründete, kamen in der deutschen Landwirtschaft noch weitgehend Zugtiere und menschliche Arbeitskräfte zum Einsatz. Dennoch begann die moderne Technik bereits auf großen Landgütern Einzug zu halten. Hier halfen moderne Errungenschaften wie dampfgetriebene Lokomobile mit, eine ständig wachsende Bevölkerung zu ernähren. Dampflokomobile wurden anfangs stationär zum Antrieb von Pflügen und Dreschmaschinen verwendet, bevor sie selber das Fahren lernten. Pionier und führender Anbieter von Lokomobilen in Deutschland war Heinrich Lanz. Matthias Hatz, der eigentlich gelernter Zimmermann war, fand seine Geschäftsnische in der Wartung dieser zunehmend häufiger anzutreffenden Maschinen.

Verbrennungsmotoren ersetzen die Dampfkraft

Die Zukunft der Mechanisierung und Mobilisierung in der Landwirtschaft lag allerdings nicht in der Dampftechnik, sondern gehörte den Verbrennungsmotoren. Und so versuchte sich Hatz 25 Jahre später erfolgreich mit seinen Söhnen am Bau und Verkauf eines liegenden Benzinmotors mit 4 PS Leistung. Damit hatte er die Weichen gestellt und dem Betrieb als Motorhersteller eine Ausrichtung gegeben, die für die Existenz der Firma bis heute bestimmend wurde.

Der Konstruktion eines Benzinmotors folgte 1910 der erste Glühkopf- und nach dem Ersten Weltkrieg der erste Dieselmotor aus der Werkstatt von Hatz. Diese verkauften sich so gut, dass selbst das Ausland Interesse bekundete. Hatz exportierte seine Motoren bis nach Südamerika.

Um der wachsenden Produktion Herr zu werden, wechselte Hatz 1921 in ein neues Werk im bayerischen Ruhstorf an der Rott bei Passau. Hier ist das Stammwerk der Firma seither ansässig.

Mit dem »Brummer« in die Traktorfertigung

Bevor Hatz sich selber an der Herstellung von Schleppern versuchte, entwickelte der Betrieb die Zweitakt-Dieselmotoren L 1 und L 2. Eigentlich für die Bauwirtschaft gedacht, setzte Hatz die Motoren 1933 auch im Traktor »Brummer« des Schlepperbauers Raimund Hartwig ein. Das Ergebnis überzeugte und brachte Hatz auf die

Ein Hatz-Traktormodell der T-Serie, mit der der Schlepperhersteller in den 50er Jahren wieder in den Traktorbau einstieg. Die Motoren waren noch wassergekühlt. (Foto: High Contrast, © CC-BY-SA 3.0)

Idee, diesen Schlepper von Hartwig in Eigenregie herzustellen und zu verkaufen, ausgestattet mit den selbstentwickelten Dieselaggregaten. Hartwig war einverstanden und verkaufte Hatz die Konstruktionsunterlagen seines Traktors sowie alles Material, das zu dessen Bau noch übrig war und verwendet werden konnte.

Kurz vor Beginn des Zweiten Weltkriegs fertigte der Motorenhersteller seinen ersten Schlepper mit der Bezeichnung »Hatz L 1« und einer Leistung von bis zu 16 PS. Nach nur 14 gebauten Traktoren war allerdings bereits wieder Schluss, weil er das vorhandene Material aufgebraucht hatte. Hatz arbeitete nun an der Entwicklung eines von Grund auf eigenkonstruierten Traktors mit der Kennzeichnung »Typ A«, dessen stehender Zweitakt-Diesel 22 PS leisten sollte, musste jedoch die Arbeiten einstellen, weil es nicht gelang, in das strenge Typenregulierungsprogramm der Reichsregierung aufgenommen zu werden. Bevor der Krieg auch der Motorentwicklung bei Hatz ein vorläufiges Ende setzte, entwickelte die Firma den Antrieb bis zur Reihe B 2 weiter.

Die Hatz-TL-Serie folgte der T-Reihe 1954 nach. Dies ist das Modell Hatz TL 12 P. Die Bezeichnung weist auf die Motorstärke von 12 PS hin. Zur Anwendung kam ein luftgekühlter Einzylinder-Zweitaktdieselmotor aus eigener Produktion. (Foto: W. Leiter, © GFDL)

Schlepper für den regionalen Markt

Nach dem Krieg musste erst einmal der zerstörte Maschinenpark neu eingerichtet werden. Deshalb dauerte es bis 1948, ehe Hatz wieder die Motorenherstellung aufnehmen konnte. Doch das Geschäft lief schleppend, die Traktorhersteller der Zeit, an die Hatz seine Aggregate verkaufte, nahmen nicht die erhofften Stückzahlen ab.

Aus diesem Grund entschloss Hatz sich, selber den Traktorenbau wieder aufzunehmen. 1953 erschienen die ersten Modelle mit den selbstentwickelten, wassergekühlten Ein-/Zweizylinder-Zweitaktmotoren. Diese leichten und mittleren Schlepper der sogenannten T-Reihe deckten das Leistungsspektrum zwischen 13 und 32 PS ab und fanden regional ihre Käufer. Hatz konnte zufrieden sein, seine Werkstatt war ausgelastet.

Die T-Reihe wurde bis 1957 gebaut und bereits im Jahr 1954 durch die TL-Serie ergänzt, deren luftgekühlte Viertaktmotoren bis zu 38 PS lieferten. Am meisten verkauften sich die Modelle TL 10 und TL 12, denn diese waren passgenau auf die westdeutschen Kleinbetriebe zugeschnitten.

Zu Beginn der 60er Jahre bot Hatz mit der H-Reihe endlich leistungsstärkere Traktoren an (bis zu 40 PS), um den veränderten Marktbedingungen gerecht zu werden, und überarbeitete das Äußere der Fahrzeuge. Sie präsentierten sich in spektakulärer zweifarbiger Lackierung und mit neue geformter Haube. Doch trotz des gelungenen äußeren Auftritts und überzeugender innerer Werte, vermochte die H-Reihe es nicht mehr, an alte Erfolge anzuknüpfen. Aus diesem Grund blieb Hatz nichts anderes übrig, als sich 1964 vom Traktorenbau zu trennen.

Hatz als führender Hersteller von Kleindieselmotoren

Als Hatz die Schlepperherstellung einstellte, konnte der Betrieb immerhin auf fast zwei Dutzend Modelltypen zurückblicken. Erfolgsversprechender war hingegen die Entwicklung von Kleindieselmotoren, mit der Hatz bereits zu Beginn der 50er Jahre begonnen hatte. Diese hatten sich mit der Zeit immer besser verkauft und Hatz zum führenden Hersteller in diesem Segment aufsteigen lassen. Zunächst an andere Traktoren- und Baumaschinenfirmen geliefert und in die eigenen Schlepper ebenfalls eingebaut, fand der Betrieb schließlich Zugang zur Autoindustrie und wurde hier Zulieferer. Seither unterhält die »Motorenfabrik Hatz GmbH & Co. KG« aus Ruhstorf an der Rott deutschlandweit Zweigniederlassungen und Handelsvertretungen sowie zahlreiche Tochtergesellschaften weltweit.

Der in rahmenloser Blockbauweise gefertigte Hatz TL 10 mit 10 PS Motorleistung rundete das Modellangebot von Hatz nach unten hin ab.

Der TL 13 von Hatz erschien 1959 und war im Design gegenüber den bisherigen Modellen deutlich verändert. Sein Einzylinder-Dieselmotor stellte 13 PS zur Verfügung.

Mit neuer äußerer Haubengestaltung zeigte sich der leistungsstärkste Schlepper der TL-Reihe von Hatz im Jahr 1960: der TL 38 besaß einen Dreizylinder-Viertakt-Reihendiesel mit Direkteinspritzung und 38 PS Leistung.

Die letzte Schlepper-Reihe von Hatz wurde zu Beginn der 60er Jahre auf den Markt gebracht. Dieses Bild wirbt für die Modelle H 113 und H 120. Ersterer war noch mit einem 13-PS-Einzylinder-Diesel ausgerüstet, der zweitere Traktor hingegen besaß einen Zweizylinder-Dieselmotor, der 22 PS leistete. Die Verkaufszahlen beider Schlepper lagen bereits deutlich unter denjenigen der bestverkauften Hatz-Traktoren. (Foto: Sammlung Gebhardt)

Der leistungsschwächste Schlepper der H-Reihe und als einziger mit einem Einzylinder-Diesel ausgerüstet: das Modell H 113, gebaut von 1962 bis 1964.

Der Hatz H 222 erschien 1964 und wurde nur noch in wenigen Dutzend Exemplaren produziert. Die Zweifarben-Lackierung ist auf dem Foto schön zu sehen. Die Leistung des Zweizylinder-Viertakt-Reihendiesels lag bei 22 PS. (Foto: W. Leiter, © GFDL)

HELA

Um nicht mit dem Mannheimer Traktorhersteller Heinrich Lanz verwechselt zu werden, musste Hermann Lanz seinen Firmennamen in HELA ändern. Dieser wurde zum Markenzeichen von Produkten wie dem Variomotschlepper und der Helamatic. Dauerhaft konnte sich der kleine Betrieb auf dem Traktorenmarkt jedoch nicht behaupten.

Über Landmaschinen und Grasmäher zum Schlepper

Die Werkstatt, die Hermann Lanz Senior im Dreikaiserjahr 1888 im oberschwäbischen Aulendorf gegründet hatte, führte nicht nur Reparaturen durch, sondern stellte außerdem von Anbeginn einfache Geräte für die umliegenden Landwirte her.

Als 1914 sein Sohn Hermann Lanz Junior die Werkstatt übernahm, setzte dieser neben weiteren Produkten auch die Herstellung landwirtschaftlicher Geräte wie Eggen, Acker- und Wiesenwalzen fort und unternahm mit seinem Motorkarren einen ersten Schritt hin zum späteren Schlepperbau. Dieser Motorkarren, der als Antrieb für andere Landwirtschaftsgeräte diente, verkaufte Lanz unter dem Namen »Ideal« fast 30 Jahre lang erfolgreich.

Gleichzeitig mit dem notwendig gewordenen Bau einer Fabrikhalle – die Werkstatt war für das florierende Geschäft längst zu klein geworden – unternahm der Familienbetrieb 1922 mit der Vorstellung eines Motormähers seinen nächsten Schritt in der Motorisierung von Landmaschinen. Dieser erhielt einige Jahre später einen Sitz für den Bediener, der somit nicht mehr hinterherlaufen musste, und war dadurch bereits als Kleinschlepper einsetzbar. Dieses noch unausgereifte Modell erfuhr eine technische Überarbeitung und stand ab 1929 als sogenannter Mähschlepper unter dem Namen »Samson« zum Verkauf. Lanz firmierte nun unter dem Namen »Landmaschinen- und Eggenfabrik«.

Obwohl kräftig gerüttelt von der Weltwirtschaftskrise dieser Jahre, fing sich Lanz wieder und weitete den Landwirtschaftsbereich innerhalb seiner Produktionspalette ständig aus. Ergänzt um einen zweiten Mähschlepper namens »Herkules«, bot er in den 30er Jahren beide Modelle zusätzlich erstmals mit Dieselmotor an, ab 1935 sogar ausschließlich.

In den kommenden zwei Jahren erschienen dann die ersten richtigen Schlepper aus der »Schlepperfabrik Hermann Lanz GmbH« (Bezeichnung seit 1931). D 37 (20 PS) und D 11 (11 PS) präsentierten sich bereits sehr fortschrittlich in Blockbauweise, mit Gummibereifung, wassergekühltem Dieselmotor und einem beigelegten

Der 11-PS-Schlepper D 11 gehörte zu den ersten Serien-Traktoren aus der Fertigung von Hermann Lanz. Gebaut wurde dieses Modell allerdings nur ein Jahr lang, von 1938 bis 1939. (Foto oben: Sammlung Gebhardt)

Der Schlepper D 47, ausgestattet mit einem 22 (später 25) PS starken Zweizylinder-Viertakt-Diesel von MWM, war eines von zwei ersten Traktorneuentwicklungen von Hermann Lanz nach dem Krieg.

Ganze sieben Jahre – von 1950 bis 1957 – stand der Schlepper D 15 auf dem Programm von Hermann Lanz. Sein Einzylinder-Viertakt-Diesel von MWM leistete 15 PS. (Foto: Robotriot, © GFDL)

Mähwerk. Der Erfolg dieser Aktivitäten ließ den Landwirtschaftsbereich immer mehr in den Vordergrund rücken, weshalb Hermann Lanz und sein Sohn Anton, der mittlerweile in die Firma eingestiegen war, sich kurz vor Kriegsausbruch dazu entschlossen, künftig nur noch Ackerschlepper zu bauen.

In taktisch kluger Voraussicht auf 22 PS hochgerüstet, wurden diese Schlepper unter der Bezeichnung D 40 in den Schell-Typenbegrenzungsplan der Regierung aufgenommen und bis zum Jahr 1942 weitergebaut. Danach war Lanz ebenfalls gezwungen, auf Holzgasantrieb umzurüsten. Der Betrieb hatte aber immer noch genug Kapazitäten frei, um Holzgasgeneratoren sogar für konkurrierende Schlepperhersteller mitproduzieren zu können.

Partizipation am Traktorboom der 50er Jahre

Hermann Lanz hatte während des Zweiten Weltkrieges erfolgreich verhindern können, als Rüstungsbetrieb vereinnahmt zu werden. Dadurch von Bombenschäden verschont geblieben, hätte es für den schwäbischen Betrieb nach dem Krieg eigentlich sofort positiv weitergehen können. Doch die französischen Besatzer präsentierten ihre eigene Rechnung. Sie demontierten fast die ganzen Produktionsgeräte der Fabrik als Kriegsentschädigung.

Die Herstellung von Obst- und Traubenmühlen mittels kleiner, gebraucht erworbener Maschinen hielt Lanz über Wasser. Weil viele Landwirte ihre Holzgasgeneratoren loswerden wollten, ergriff er diese Chance zum Wiedereinstieg in den Schleppermarkt und tauschte die Generatoren gegen Dieselmotoren aus. Mit improvisierten Mitteln entstanden noch in den endvierziger Jahren seine ersten beiden Nachkriegsschlepper D 47 (22 PS) und D 28 (28 PS). Nur allmählich konnte Lanz seinen Maschinenpark wieder neu aufbauen.

Mit der Ausweitung seines Traktorprogramms auf verschiedene Leistungsklassen zwischen 14 und 40 PS fassten die Aulendorfer im neuen Jahrzehnt wieder Tritt. Ihre Schlepper, deren Motoren zu diesem Zeitpunkt noch von MWM und Deutz bezogen wurden, kamen im süddeutschen Raum gut an. Sie überzeugten durch ihre hohe Qualität und ihr reichhaltiges Zubehör.

1951 gab es für Hermann und Anton Lanz erstmals Schwierigkeiten wegen der Namensgleichheit mit dem Mannheimer Schlepperproduzenten Heinrich Lanz. Tatsächlich hatte es einst verwandtschaftliche Beziehungen zwischen beiden Familien gegeben, doch nachdem die Mannheimer Firma zur AG geworden war, verlangte diese die Umbenennung des Aulendorfer Betriebs. Von da an firmierte der Großvetter aus Oberschwaben unter dem Emblem HELA.

Mitte der 50er Jahre baute HELA seine eigenen Motoren. Der stetig wachsende Betrieb weitete seine Schlepperpalette aus. Mit Schmalspurschleppern aus eigener Herstellung und der Übernahme des Vertriebs des erfolgreichen allradbetriebenen Varimot-Schleppers für Wein-, Hopfen- und Obstbau lastete Lanz seine Kapazitäten vollends aus. Das Varimot-Gerät bildete gleichzeitig die Basis für seinen Einstieg in den Baumaschinensektor.

Eine besondere Innovation namens »Helamatic« kennzeichnete die Ende der 50er Jahre vorgestellte neue, auch äußerlich modernisierte Schlepperreihe. Dank dieses Gerätes war es möglich, dass der Bauer für bestimmte Arbeiten seinen Sitzplatz verlassen und den Traktor im Nebenhergehen steuern konnte.

Ausweitung und Einstellung des Motorenbaus

Zu Beginn der 60er Jahre bestand das Programm von HELA aus drei Bereichen: Schlepper, Varimot und Motoren. Die Entwicklung eigener Motoren hatte, sehr zur Freude von Anton Lanz, ständig zugenommen. In dieser Zeit stellte der Betrieb seine ersten luftgekühlten Exemplare vor.

Der kleine, handliche Schmalspurschlepper »Variomot« war ein Erfolgsprojekt. HELA hatte Mitte der 50er Jahre den Vertrieb des Fahrzeugs übernommen, dessen Einsatzgebiete im Wein-, Hopfen- und Obstbau lagen. (Foto: Sammlung Gebhardt)

Ende der 50er Jahre baute HELA das Schlepper-Modell D 117. Der 18 PS hervorbringende Zweizylinder-Viertakt-Diesel war wahlweise wasser- oder luftgekühlt. Obwohl der HELA D 117 nur ein Jahr produziert wurde, verkauften sich über 1600 Exemplare.

Doch die allgemeine Krise der Branche – hervorgerufen u. a. durch Marktsättigung, eine EWG-Politik, die den kleinparzellierten Bauernhöfen in Deutschland ein Ende setzte (was mit zur Bevorzugung von leistungsstarken Traktoren durch die Kunden führte), die Festlegung der Händler auf wenige große Hersteller, zunehmende ausländische Konkurrenz – brachte auch Lanz, der bislang hauptsächlich auf den süddeutschen Raum beschränkt geblieben war, in Schwierigkeiten. So kam es zu Kooperationen mit den Mitbewerbern Wahl und ab 1962 für zwei Jahre mit Bautz. Unter dem Namen »Bautz-HELA« wurden erfolgreich Schlepper ins westliche Ausland exportiert, vor allem nach Frankreich, wodurch die rückläufigen Inlandsverkäufe vorerst noch gut ausgeglichen werden konnten.

In der zweiten Hälfte des Jahrzehnts waren die Probleme jedoch nicht mehr zu übersehen. Trotz Vorstellung weiterer neuer Schlepperreihen, musste der unrentabel gewordene Motorenbau 1967 eingestellt werden. Das Problem, als kleinerer Hersteller immer teurere Entwicklungsarbeit leisten zu müssen, um konkurrenzfähig zu den großen Firmen bleiben zu können, beendete nicht nur den Motorbau, sondern brachte zudem das Schlepperprogramm in Gefahr. HELA verlegte sich immer mehr auf die Herstellung von Baumaschinen, ohne hiermit allerdings die sinkenden Traktorenverkäufe ausgleichen zu können.

Eine folgenschwere Übernahme

In der Hoffung, das Ruder noch einmal herumreißen zu können, übernahm Lanz 1970 zusätzlich zu seinem eigenen Programm den Vertrieb der ungarischen »UTB«-Traktoren, zwei Jahre spä-

Auf das Jahr 1962 datiert das Baujahr des D 24 mit 25 PS. (Foto: © R. Weinreich)

ter ergänzt um den der Schweizer »Schilter«-Schlepper. Doch die mangelhafte Qualität der Ersteren bescherte ihm keine Freude, sondern stattdessen einen gewaltigen Nachfrageeinbruch.
1973 präsentierten die Aulendorfer ihre letzte Schleppergeneration. Wiederum qualitativ hochwertig, aber leider zu teuer im Vergleich zur Konkurrenz, bediente diese die oberen Leistungsklassen von 30 bis 60 PS, die unteren hatte man vorerst aufgegeben. 1976 entstanden in diesem unteren Bereich nochmals neue Modelle aus Aulendorf, allerdings in Kleinstauflage. Lanz war unterdessen dazu übergegangen, seine allerletzten Traktoren wieder unter eigenem Namen herauszubringen – der gleichnamige Mitbewerber aus Mannheim war ja längst von John Deere übernommen und seines Namens verlustig geworden.
Lanz hielt Ausschau nach einem starken Partner, ohne den eine Zukunft für die Firma wegen der hohen Verluste, die man einfuhr, nicht mehr vorstellbar schien. 1978 kam es deshalb zur Übernahme durch die Baumaschinenholding IBH, zu der die »Lanz Maschinenfabrik AG & Co.« von nun an als Tochterfirma gehörte. Der Traktorenbau wurde bereits im nächsten Jahr eingestellt. Doch die Baumaschinensparte brachte ebenfalls kein Glück. IBH ging 1983 pleite. Es folgten zwei weitere Übernahmen. Ende der 80er Jahre verlagerte der letzte Besitzer, die »Eder Hydraulikbagger GmbH«, die Baumaschinenherstellung ins Zeppelin-Werk nach Friedrichshafen und legte die Aulendorfer Produktionsstätte still. Was von Lanz noch übriggeblieben war – leerstehende Gebäude – fiel Mitte der 90er Jahre dem Abbruchbagger zum Opfer.

In roter Lackierung erschien zu Beginn der 60er Jahre das HELA-Modell D 36. Der wiederum wahlweise wasser- oder luftgekühlte Dieselmotor von MWM leistete 36 PS. Zum Sonderzubehör zählten u. a. Zapfwelle und Riemenscheibe. (Foto: W. Leiter, © GFDL)

40 PS stark war des Endsechziger-Modell D 340 A von Hermann Lanz. Auch dieser Schlepper war rot lackiert und wurde bis Mitte 1970 hergestellt. (Foto: W. Leiter, © GFDL)

Hela brachte den Schlepper D 434 mit seinem 34 PS starken Dreizylinder-Viertakt-Diesel von MWM im Jahr 1964 auf den Markt und baute ihn bis 1970.

Mitte der 70er Jahre stellte Hermann Lanz den 48-PS-Traktor D 648 vor. Das Getriebe für diesen Schlepper kam diesmal von Steyr aus Österreich, da der bisherige Lieferant ZF keine Getriebe für kleinere Fahrzeuge mehr produzierte. (Foto: W. Leiter, © GFDL)

Weniger als hundert Traktoren des Modells D 424 von Hermann Lanz wurden in den Jahren 1977 bis 1980 produziert. Sein MWM-Motor leistete 24 PS. Mähwerk und -antrieb sowie ein Allwetterverdeck zählten zur Sonderausstattung. (Foto: W. Leiter, © GFDL)

HOLDER

Im Jahr 1888 gründete Christian Friedrich Holder in Urach am Fuß der Schwäbischen Alb die »Maschinenfabrik Holder«, die sich auf den Bereich von Spritzgeräten zur Schädlingsbekämpfung spezialisierte. Vierzehn Jahre später siedelte die Firma ins nicht weit entfernte Metzingen um.

Ein Metzinger Familienunternehmen

Nach einem USA-Aufenthalt von der Zukunft der motorisierten Landwirtschaft überzeugt, fertige ab 1930 Holder als einziger Hersteller neben Siemens einachsige Motorfräsen und -schlepper. Letztere hörten auf den Namen »Pionier«, waren zweirädrig ausgestattet, besaßen Einzelradbremsen und forderten von ihren Benutzern, ihnen zu Fuß zu folgen, während sie das Gerät in der Hand hielten. Durch das umfangreiche Zubehör – Weinbergseilwinde, seitlich ansteckbares Mähwerk – war der »Pionier« universell einsetzbar und selbst für Wein- und Gartenbau interessant.

Der erste Schlepper mit vier statt zwei Rädern ließ nicht lange auf sich warten. Es handelte sich um den A 10, der über einen 10-PS-Dieselmotor verfügte. Holder bediente sich in den 30er Jahren bei diversen Motorenherstellern und verwendete sowohl Benzin- als auch Dieselaggregate. Zudem wurden schließlich eigene Motorenentwicklungen verbaut.

1938, pünktlich zum 50-jährigen Jubiläum des Betriebs, erschien der erfolgreiche »Pionier« mit einer stärkeren Zugmaschine unter der Bezeichnung NHT – Neuer-Holder-Traktor.

Im Laufe des Zweiten Weltkrieges musste Holder die Produktion von flüssigtreibstoffbetriebenen Landmaschinen einstellen. Stattdessen fertigte er nun bis zum Kriegsende in kleiner Stückzahl den 8-PS-»Pionier-EHG«, der als Antrieb einen Holzgasgenerator erhielt. Die Firma überstand die schlimme Zeit und nahm nach

Ein Einachser-Schlepper von Holder aus den 50er Jahren. Holder hatte bereits in den 30er Jahren solche Fahrzeuge produziert. (Foto: werktuigendagen, © CC-BY-SA 2.0)

Der Knicklenker-Allradschlepper A 10 von Holder erschien zu Beginn der 50er Jahre. Sein Zweitakt-Diesel von Sachs stellte 10 PS zur Verfügung. Das Plakat weist auf die bevorzugten Einsatzgebiete des kleinen Fahrzeugs hin. (Foto: Sammlung Gebhardt)

Holder produzierte das Modell B 10 von 1951 bis 1959. Der wassergekühlte Zweitaktdiesel besaß eine Leistung von 10 PS. Eine Heckzapfwelle gehörte zur Ausstattung. (Foto: Sammlung Gebhardt)

dem Krieg die Produktion wieder auf. Allerdings verlegte Holder wegen den Beschränkungen, die die französische Besatzung auferlegt hatte, seine Fahrzeug-Herstellung von Metzingen nach Grunbach, welches in der amerikanischen Zone lag, in der er freier agieren konnte.

Erfolgreiche Kleinschlepper und Motoren

Anfang der 50er Jahre entwickelte Holder nach genauer Bedarfsbeobachtung einen wirtschaftlichen Kleindieselmotor für seinen Einachser-Schlepper D 500. Dieser kam auf dem Markt so gut an, dass Holder aufgrund seiner begrenzten Fertigungskapazitäten in Bedrängnis geriet und die Patente des stark nachgefragten Motors an Fichtel & Sachs verkaufte, bei denen er unter dem Namen »Sachs-Diesel« weitervertrieben wurde.

Im Wirtschaftswunder-Jahrzehnt entstand eine Anzahl kleiner Traktoren, darunter der Vierradschlepper B 12 mit 12 PS starkem Einzylinder-Zweitakt-Diesel-Motor, starrem Fahrgestell und zahlreichen Anbaugeräten, der sich für bäuerliche Kleinbetriebe empfahl, oder der sehr erfolgreiche »Cultitrac A 10«, ein Schmalspurschlepper mit Allradantrieb, vier gleich großen Rädern und hydraulischer Knicklenkung. Neben seiner hohen Zugkraft zeichnete den »Cultitrac« gerade seine Knicklenkung aus, denn diese bescherte ihm eine große Wendefähigkeit auf engem Platz und machte ihn damit zum idealen Gerät für schwierige Geländearten wie Weinberge oder Obstplantagen. 1957 baute Holder von ihm eine 12-PS-Variante mit der Bezeichnung A 12. In anderen Ländern wie Italien und Spanien griffen Traktorhersteller die Idee des Knicklenkers ebenfalls auf, in den USA und Kanada wurden von dieser Konstruktionsart sogar große, mehrere 100-PS-starke Knickschlepper auf den Markt gebracht.

Holder war es gelungen, trotz des Marktdrucks nach leistungsstärkeren Maschinen gegen Ende der 50er Jahre, sich mit seinen Kleinschleppern zu behaupten. Erst im Laufe des nächsten Jahrzehnts erweiterte der Traktorbauer seine Angebotspalette um Schlepper mit höheren PS-Zahlen.

Jetzt nahm Holder erneut den eigenen Motorbau auf, entwickelte außerdem die »Cultitrac«-Baureihe weiter und verbesserte sie leistungsmäßig. Daneben entstanden mit der P-Reihe (»P« für »Park«) erstmals Spezialfahrzeuge für den Kommunalbereich.

Der Erfolg der »Cultitrac«-Reihe hielt auch die 70er Jahre hindurch an und ermöglichte so ihre stetige Weiterentwicklung. Um die hohe Nachfrage nach ihnen bedienen zu können, bezog Holder zusätzlich Motoren anderer Fabrikate und verbaute sie ebenso im »Cultitrac« wie die extra für diese Fahrzeuge entwickelten neuen VD-Viertakt-Dieselmotoren aus eigenem Hause. Die Einsatzgebiete der »Cultitrac«-Maschinen mit ihren unterschiedlichen Leistungsstufen zwischen 16 und 60 PS wurden immer vielfältiger, nun fanden sie zudem in der Forstwirtschaft Verwendung. Neben Spezialfahrzeugen gewannen Spritzen zur Schädlingsbekämpfung für Holder immer mehr an Bedeutung.

Der Kleinschlepper Holder B 12 erschien zu Beginn der 60er Jahre in Blockbauweise und mit Einzylinder-Zweitaktdiesel, der eine Leistung von 12 PS besaß. Der Schlepper konnte mit einer Heckhydraulik für Anbaugeräte ausgerüstet werden.

Absatzrückgang und Neubeginn

Die allgemeine Krise des Schleppermarktes in den 80er Jahren ließ schließlich die Absatzzahlen von Holder sinken. Das Unternehmen verlagerte die Schlepperfertigung wieder zurück nach Metzingen, schloss das Grunbacher Werk und stellte gegen Ende des Jahrzehnts die eigene Motorentwicklung wieder ein, die sich nicht mehr rechnete.

Weitere strukturelle Probleme in der Landwirtschaft zwangen Holder in den 90er Jahren, nach einem finanzstarken Partner Ausschau zu halten. 1992 wurde deshalb die Firma an ein japanisches Unternehmen verkauft, das seinerseits jedoch nur vier Jahre später Holder wieder abstoßen wollte. Die Holder-Familie nahm die Gelegenheit wahr und kaufte die Firma, die ihren Namen trug, zurück. Der Bau von kleinen, wendigen Maschinen aus der Multipark-Reihe für den Kommunalbereich dominierte diesen Neuanfang.

Hatte Holder die folgende (BSE-)Krise 2002 noch mit Hilfe der Beteiligung zahlreicher Firmen überstehen können, stand 2005 der nächste Verkauf an. Diesmal ging der Traktorenbauer an ein türkisches Unternehmen. Das konnte die Insolvenz drei Jahre später allerdings nicht abwenden. Schluss war damit aber immer noch nicht. Mit der Übernahme Holders durch drei Gesellschafter aus Baden-Württemberg entstand 2008 die »Max Holder GmbH«, die seither – unter Aufgabe des Bereichs der Feldspritzen – in Metzingen den Bau von Multifunktions-Geräteträgern, Schmalspurschleppern und anderen Maschinen für Landwirtschaft, Kommunen, Garten- und Weinbau fortsetzt.

Der Holder AG 35 erschien 1968, besaß Normalspurbreite, Allradantrieb und einen Dreizylinder-Zweitaktdiesel mit 30 PS Leistung.

Der Holder Cultitrac war ein erfolgreicher Traktor mit vier gleich großen Rädern, Allradantrieb und hydraulischer Knicklenkung.
(Foto: 4028mdk09, © CC-BY-SA 3.0)

Von 1978 bis 1985 produzierte Holder den Schlepper A 60. Sein Dreizylinder-Viertaktdiesel leistete 60 PS. Zu seinen weiteren Ausstattungsmerkmalen gehörten Vierradlenkung, zwölf Vor- und vier Rückwärtsgänge und eine Einscheiben-Trockenkupplung. (Foto: W. Leiter, © GFDL)

Der 50 bis 60 PS leistende Holder C 370 bei der Rasenpflege. Die Höchstgeschwindigkeit des Fahrzeuges liegt bei 40 km/h. (Foto: © Max Holder GmbH)

Der 92 PS starke Holder S 990 beim Winterdienst mit Allradantrieb und hydrostatisch unterstützter Knicklenkung. (Foto: © Max Holder GmbH)

IFA

Die Wiederaufnahme des für Ostdeutschland dringend notwendigen Traktorenbaus gestaltete sich schwieriger als in Westdeutschland. Kriegszerstörungen, Demontagen, Zwangsverstaatlichungen, wenige geeignete Produktionsstandorte und die Widrigkeiten der sozialistischen Mangelwirtschaft waren die Hauptursachen. Unter dem Dach der IFA, dem Zusammenschluss der ostdeutschen Fahrzeugbauunternehmer, fand dieser Neubeginn im Bereich Landwirtschaft vor allem in den Werken Schönebeck, Nordhausen und Brandenburg statt.

Das Zentrum der DDR-Traktorenfertigung: VEB Traktorenwerk Schönebeck

Um die Menschen in Ostdeutschland nach Ende des Zweiten Weltkriegs ernähren zu können, war der Aufbau einer eigenen Schlepperproduktion unabdingbar. Doch es gab nicht viel Auswahl an möglichen Standorten dafür. Schönebeck war ein solcher, denn ins dortige Junkers-Flugzeugwerk hatte der Traktorhersteller FAMO einen Teil seines Betriebs noch vor Kriegsende verlegt, um es vor der Roten Armee in Sicherheit zu bringen.

Während die Enteignung von Betrieben, ihre Überführung in »Volkseigene Betriebe« (VEB) und die Neuverteilung von Landflächen infolge der angeordneten Bodenreform in Gange war, entstand in Schönebeck aus dem Zusammenschluss des dortigen Junkerswerks mit FAMO und der Metallindustrie Schönebeck das neue »Schlepperwerk Schönebeck«. Dieses trat 1948 dem neugegründeten Dachverband der ostdeutschen Fahrzeugbauer bei, der »IFA« (Industrieverband Fahrzeugbau).

Von Anfang an tat sich das Schönebecker Werk als eine Art Entwicklungszentrum für Traktoren hervor, die allerdings zunächst meist in andere Fertigungsstätten zur Serienherstellung weitergegeben werden mussten, weil die notwendigen Kapazitäten in Schönebeck fehlten. So erging es auch 1949 dem allerersten Nachkriegs-Serienschlepper in Ostdeutschland, dem RS 01/40 »Pionier«. Dieser verkörperte die in Schönebeck verbesserte Neuauflage des FAMO-Vorkriegsschleppers »XL« mit 40 PS Leistung. Zuerst wurde die Produktion nach Zwickau ins Horch-Werk verlagert, anschließend in den zweiten neuen Schlepperbaustandort Nordhausen weiterverlegt.

Das selbe Schicksal teilte der erste eigenständige Traktorenneubau der DDR, dessen Entwurf wiederum in Schönebeck Gestalt annahm und nicht auf einem Vorkriegsmodell basierte, das Modell RS 04/30. Gar nicht erst in Serie gebaut wurde der Schönebecker Entwurf des technisch fortschrittlichen Raupenschleppers KS 06.

Das Blatt wendete sich 1952 mit der Produktion des Geräteträgers RS 08/15 »Maulwurf« in Schönebeck. Geräteträger wurden in der Folge zu einem Hauptproduktpfeiler des Werks bis Anfang der 70er Jahre. Im Laufe der 50er Jahre war das »VEB Traktorenwerk Schönebeck« unter den neuen Schlepperwerken in Ostdeutschland

Der RS 08/15 »Maulwurf« begründete 1952 im Werk Schönebeck den langjährigen Bau von Geräteträgern. Sein Zweizylinder-Zweitakt-Benzinmotor leistete 15 PS. Seine spezielle Konstruktion ermöglichte eine Vielzahl von Einsatzmöglichkeiten. (Foto: © Ralf Weinreich)

1963 entstand in Schönebeck der Geräteträger RS 09/122. Die Leistung seines Zweizylinder-Viertakt-Diesels betrug 18 PS. Einige Umbauten an dem Fahrzeug sollten den Fahrer im Falle eines Umsturzes vor lebensgefährlichen Verletzungen schützen. (Foto: © Ralf Weinreich)

Der letzte Geräteträgertyp aus Schönebeck war der RS 124 / GT 124, der von 1964 bis 1972 produziert wurde. Dem Fahrer diente eine Rundherum-Verkleidung als Wetterschutz. Überall ließen sich Anbaugeräte befestigen. Der Vierzylinder-Viertakt stellte 25 PS bereit. (Foto: © Ralf Weinreich)

dazu auserkoren worden, das Zentrum der DDR-Traktorenfertigung zu werden. Das war der Grund, weshalb der dringend benötigte leistungsstarke Traktor für die im Zuge der Landkollektivierung immer größer werdenden Landwirtschaftsbetriebe –Landwirtschaftliche Produktions-Genossenschaften, kurz LPG – in Schönebeck gefertigt wurde.

Von der Regierung gefördert, erschien im Jahr 1964 der erste Prototyp des 93 PS starken ZT-300. Drei Jahre später – Schönebeck war unterdessen als einziger Schlepperproduzent in der DDR übrig geblieben – konnte der mittelschwere und sehr modern wirkende Traktor in Serie gehen. Viele Bauteile stammten von anderen DDR-Nutzfahrzeugen, so beispielsweise der Motor aus dem Lkw »W 50«. Das Getriebe war neu entwickelt worden, die bequeme Fahrerkabine ebenfalls. Mit der ZT-Reihe schloss die DDR wieder an den internationalen Standard bei Traktoren an. Anfang der 70er Jahre erschien die Allradversion ZT-303, die ihren Vorläufer an Absatzzahlen überholte.

Trotz der Aufstockung der Motorleistung auf 100 PS im Jahr 1978 war die ZT-Reihe in die Jahre gekommen und bedurfte der Ablösung. Die wiederum modernisierten, verbesserten und vielseitiger verwendbaren Nachfolger – ZT 320 samt seiner Allradversion ZT 323 – kamen 1984 auf den Markt und vermochten wiederum, an die internationalen Traktorenwicklungen anzuschließen. Doch die potentiellen Kunden würdigten die technische Leistung aus Schönebeck nicht mit entsprechenden Käufen. Dieser Umstand führte zu einem stetigen und nicht unproblematischen Produktionsrückgang der ZT-Reihe; glücklicherweise wurde in Schönebeck seit 1972 erfolgreich der Feldhäcksler E 281 gebaut.

Nach der Wiedervereinigung der beiden deutschen Teilstaaten im Jahr 1990 strafte der gesamtdeutsche Markt die ZT-Traktorenreihe mit Nichtbeachtung, die deswegen eingestellt werden musste.

Das Traktorenwerk Schönebeck war Mitte der 80er Jahre mit einem Dieselmotorenhersteller zusammengeschlossen worden. Jetzt gingen beide wieder getrennte Wege. Nach mehreren Privatisierungsversuchen wurde das unter Treuhandverwaltung stehende, in »Landtechnik Schönebeck GmbH« umbenannte Schlepperwerk endlich von der Firma Doppelstadt übernommen. Doch die Freude über die scheinbar gelungene Rettung währte nicht allzu lange: Im Jahr 2004 hörte die »Doppelstadt GmbH Schönebeck« auf zu bestehen.

Der spätere Motorenhersteller: VEB Schlepperwerk Nordhausen

In Nordhausen hatten vor dem Krieg zwei Traktorenbauer existiert: zum einen Normag, dessen Besitzer mit Konstruktionsunterlagen der Firma vor Eintreffen der Roten Armee in das im Westen gelegene Zweigwerk Zorge geflohen war, und die Montania-Werke von MBA, ursprünglich Orenstein & Koppel.

Das Normag-Werk, obwohl weitestgehend unversehrt geblieben, wurde von den Behörden nicht sofort zum Traktorenbau herangezogen, sondern nach seiner Enteignung 1946 umfunktioniert zur Herstellung von Bergbautechnik. Davor hatte es – wie sein Normag-Pendant im Westen, mit dem es eine Weile zusammengearbeitet hatte – vorübergehend alte Holzgastraktoren gefertigt.

Der Traktor ZT 303 basierte auf dem ZT 300 und sollte bei besonders schweren Bedingungen zum Einsatz kommen. Zu diesem Zweck besaß das Fahrzeug einen zusätzlichen Vorderachsantrieb. Gebaut wurde der ZT 303 von 1971 bis 1983. (Foto: © Ralf Weinreich)

Als es sich die neuen Machthaber anders überlegten und doch Traktoren aus den Normag-Werkstätten rollen sehen wollten, sah sich der mittlerweile dem »Volkseigenen Betrieb ABUS« zugehörige und der IFA eingegliederte ehemalige Schlepperbauer nicht in der Lage, die geforderten Traktorenstückzahlen liefern zu können. Es blieb nichts anderes übrig, als das beschädigte und aller Maschinen entledigte MBA-Werk als neue Nordhäuser Produktionsstätte ins Auge zu fassen. Nachdem dieses mit neuen Maschinen – auch aus dem Normag-Werk – wieder eingerichtet war, begann ab 1949 im »VEB Schlepperwerk Nordhausen« die Herstellung des Nachkriegsschleppers RS 02/22 »Brockenhexe« – des zweiten Traktors, der in der DDR überhaupt in Serie ging.

Die »Brockenhexe« war keine echte Neukonstruktion, vielmehr basierte sie auf entsprechenden Unterlagen aus den Normag- und MBA-Werken. Der Schlepper wurde von einem 22 PS starken, in Lizenz gebauten Deutz-Dieselmotor angetrieben, der sich jedoch als zu schwach für das schwere Fahrzeug erwies. Materialmangel verhinderte nicht nur einen modernen Elektrostarter, sondern erschwerte grundsätzlich eine Serienfertigung dieses Traktors, weshalb bis 1952 nur wenige Exemplare entstanden.

Das nächste Schlepper-Modell ging dann aber tatsächlich und in hoher Zahl in Serie. Bei ihm handelte es sich um den RS 01/40 »Pionier«, den Nordhausen von den Horch-Werken übernahm und von 1950 bis 1958 produzierte. Entwickelt worden war er bereits vor dem Krieg bei FAMO in Breslau; dort hieß er »FAMO XL«. Das Werk in Schönebeck hatte ihn weiter verbessert. Dank seiner hohen Zugkraft bewährte sich dieser 40 PS starke Traktor in der Praxis und machte ihn zum damals wichtigsten Schlepper in der DDR. Sein noch besserer Nachfolger führte die Bezeichnung »Harz 01/40-II«, bot von Anfang an einen elektrischen Anlasser, eine modernere, abgerundete Motorhaube (ohne das bisherige IFA-Logo) und eine Leistung von 42 PS.

Ein weiteres Schleppermodell aus Nordhausen war der Vielzwecktraktor RS 04/30, der ab 1953 die Werkshallen verließ. Wie schon

Mit dem ZT 300 gelang 1967 der Anschluss an den internationalen Standard und in der Folge ein Aufschwung für die DDR-Landwirtschaft. 90 PS stark war der modern gestaltete Traktor. Zur Serienausstattung gehörte auch eine Heckzapfwelle. (Foto: © Ralf Weinreich)

der »Pionier« hatte seine Entwicklung im Werk Schönebeck stattgefunden, doch beruhte diese nicht auf alten Vorkriegs-Plänen; der RS 04/30 war die erste echte Traktorneukonstruktion der DDR. Die Leistung dieses Modells lag bei 30 PS. Weil der RS 04/30 aber nicht frei von Mängeln war, erschien bereits drei Jahre später sein verbesserter Nachfolger, der gleichermaßen den »Harz« ersetzte: Der »RS 14/30 Favorit« leistete 33 PS und verfügte über eine bessere Hydraulik und ein besseres Getriebe. Wegen Markenstreitigkeiten hieß der Schlepper ab 1958 »Famulus«.

Die bisherigen Traktoren aus DDR-Produktion erwiesen sich als zu schwach für die großen vergemeinschafteten Landwirtschaftsflächen, die gegen Ende der 50er Jahre in Form der LPGs entstanden. Deshalb bemühte sich das Schlepperwerk Nordhausen, einen ausreichend starken Traktor zu entwickeln, der den gestiegenen Anforderungen gewachsen war. Doch diese Experimente führten mit

Mitte der 80er Jahre erschien der ZT 320 mit 100 PS Leistung. Verbesserungen gegenüber dem ZT 300 Vorgängermodell gab es beim Schaltgetriebe, der Hydraulikanlage sowie der Fahrerkabine, die beheizt und belüftet werden konnte. (Foto: © Ralf Weinreich)

den Modellen »Famulus 46« RS 14/46 (46 PS) und »Famulus 60« RT 330 (60 PS) zu keinem befriedigenden Ergebnis; der RS 14/46 hatte Probleme mit dem Motor, der RT 330 mit dem Getriebe.
Erst die Entwicklung der ZT-Baureihe in den 60er Jahren traf ins Schwarze, doch die DDR-Behörden hatten mit Nordhausen andere Dinge vor. Die vielversprechende neue Traktorengeneration durfte nicht in Nordhausen hergestellt werden, die Serienproduktion fand vielmehr in Schönebeck statt. Nordhausen musste seinen eigenen Schlepperbau 1965, genau wie das Werk in Brandenburg, zugunsten von Schönbeck einstellen.
Aus dem Traktorenbauer wurde das »VEB Motorenwerk Nordhausen«, das bis zur Wende Traktoren- und Lastwagenmotoren fertigte. Nach 1990 schlugen alle Versuche fehl, die Motorherstellung dem Werk in Nordhausen zu erhalten. Der Betrieb musste Mitte der 90er Jahre aufgelöst werden.

Der spätere Getriebehersteller: VEB Brandenburger Traktorenwerke

Um die für den Aufbau des Landes nach dem Krieg dringend benötigten Schlepper herstellen zu können, fasste die Landesregierung Brandenburgs die ehemaligen Brennabor-Anlagen in der Stadt Brandenburg an der Havel ins Auge. In diesen hatte die Firma Brennabor bis 1934 Automobile und Lkw hergestellt, danach nur noch Motor- und Fahrräder sowie Kinderwagen.

Nachfolger des ZT 303 war ab 1984 der allradgetriebene Traktor ZT 323. Sein wassergekühlter Vierzylinder-Viertakt-Diesel stellte 100 PS zur Verfügung. (Foto: © Ralf Weinreich)

In den Jahren 1945/46 wurde der Holzgaser Normag NG 25 werksseitig auf Dieselbetrieb rückgebaut. Wahlweise waren MWM- oder Deutz-Motoren erhältlich. (Foto: © Ralf Weinreich)

Obwohl das Brennabor-Werk durch die Kriegsereignisse stark in Mitleidenschaft gezogen und nach Besetzung durch die Sowjets ihres ganzen Maschinenparks entledigt worden war, wurde der Teil, der für die Traktorenproduktion zur Verfügung stand (andere Fabrikareale wurden anderweitig genutzt) wieder instand gesetzt.
Zuerst dachten die Verantwortlichen daran, einen Holzgasschlepper auf den Markt zu bringen, der die nicht unproblematische Versorgung mit Treibstoff hätte umschiffen helfen können. Während sich die Reparaturarbeiten der Brennaboranlagen aber bis 1948 hinzogen, erwies sich der unzeitgemäße Antrieb des Holzgasschleppers »Solidarität« in Tests als unzureichend, weswegen das Modell nicht übers Prototypenstadium hinauskam.
Unter dem Namen »VEB Brandenburger Traktorenwerk« entstand stattdessen 1949 der Traktor RS 03/30 »Aktivist«, der auf Vorkriegsunterlagen von Orenstein & Koppel basierte und über einen Zweizylinder-Viertakt-Diesel mit einer Leistung von 30 PS verfügte. Zunächst waren die Landwirte in der DDR froh, überhaupt Schlepper zu haben. Doch schon bald häuften sich massiv die Klagen über den »Aktivist«, dessen zu kurzer Radstand bei hoher Zugbelastung zu einem Aufbäumen des Fahrzeugs führen konnte. Weitere Fertigungsmängel schränkten den Einsatz des Traktors zusätzlich ein und führten zu dessen Produktionseinstellung im Jahr 1952.
Mittlerweile waren die Brandenburger Schlepperbauer Mitglied in der IFA geworden und hatten sich erneut umbenannt. Als »VEB Brandenburger Traktorenwerk« gingen sie 1952 ein Nachfolgemo-

Von 1949 bis 1952 stellte das Traktorenwerk in Nordhausen den 22-PS-Schlepper RS 02/22 »Brockenhexe« her. Viele Details der »Brockenhexe« stammten von MBA- und Normag-Traktoren. (Foto: © Ralf Weinreich)

Auf der Basis des vom Werk Schönebeck umgearbeiteten FAMO XL produzierte ab 1950 das Werk Nordhausen den R 01/40-1 »Pionier« (die erste Version war bereits 1949 in Zwickau entstanden). Seine Motorleistung betrug 42 PS. (Foto: © Ralf Weinreich)

dell des »Aktivist« an. Zunächst schien es, als ob der in Schönebeck vollständig neu konstruierte RS 04/30 im Brandenburger Werk hergestellt werden sollte. Doch stattdessen ging dieser Auftrag an das Nordhäuser Schlepperwerk.

Das Brandenburger Traktorenwerk war dagegen ausersehen, die geplanten Raupenschlepper für den Einsatz auf schweren Böden bauen zu dürfen. Die Herstellung von Kettenfahrzeugen war ursprünglich gemäß dem Potsdamer Abkommen für Deutschland verboten gewesen, doch zu Beginn der 50er Jahre gab die UdSSR dann doch grünes Licht für die DDR.

Erneut wurde ein Vorkriegsmodell wieder aufgelegt, diesmal der FAMO »Rübezahl« als KS 07/60, dessen Konstruktionsunterlagen noch während des Krieges von Breslau nach Schönebeck gelangt waren. Der 60 PS starke Raupentraktor besaß den alten FAMO-Vierzylinder-Motor und einen elektrischen Anlasser. Gedacht war er für schwere Arbeiten in der Land-, aber auch Forstwirtschaft. Eine verbesserte Reihe namens KS 07/62 erschien 1955 mit modern abgerundeter Motorhaube und leistete nun 62 PS.

Im darauffolgenden Jahr – das Werk nannte sich jetzt »VEB Brandenburger Traktorenwerke«, denn es war um weitere Anlagen erweitert worden – erschien der Nachfolger KS 30 »Urtrak«. Die Mängel der Kettenkonstruktion des »Rübezahl« waren beim »Urtrak« nicht mehr gegeben und auch sonst stellte der »Urtrak« in vielen Punkten eine deutliche Verbesserung zum Vorgängermodell dar.

Waren bisher schon Brandenburger Traktoren ins vor allem sozialistische Ausland gegangen, so schaffte es der KS 30 sogar bis nach China. Doch ab 1957 wirkte sich die zunehmende Abneigung der Benutzer gegen Raupenschlepper massiv auf die Absatzzahlen aus; das Geschäft mit China brach ebenfalls ein.

Es entstand zwar noch eine Reihe von Versuchsschleppern auf Raupenbasis, doch zu Beginn der 60er Jahre beschlossen die Verantwortlichen eine Umfunktionierung des Brandenburger Werkes. Wie schon in Nordhausen, so sollten ebenso hier in Zukunft keine Traktoren mehr gebaut werden. Stattdessen wurde das Werk dazu bestimmt, ab 1965 als Getriebehersteller für Traktoren und Lastkraftwagen zu fungieren.

Bis zur Wende 1990 erfüllten die »VEB Getriebewerke Brandenburg« diese Aufgabe bravourös. Dann stand die weitere Zukunft auf dem Prüfstand, doch anders als die Kollegen aus Nordhausen oder Schönebeck hatten die Brandenburger dauerhaft Glück. Der renommierte Autozulieferer »ZF Friedrichshafen« übernahm 1991 den ehemaligen DDR-Schlepperbauer als Tochterfirma unter dem neuen Namen »ZF Getriebe GmbH, Werk Brandenburg«.

Mit neuer Form und neuer Farbe zeigte sich im Jahr 1957 der Schlepper RS 01/40 II »Harz«. Er folgte dem »Pionier« nach und besaß die Möglichkeit des Anbaus einer Zusatzhydraulik. (Foto: Sammlung Gebhardt)

Der RS 04/30 war der erste vollständig selbstentwickelte Traktor der DDR. Von 1953 bis 1956 baute das Werk Nordhausen diesen Vielzweckschlepper mit 30 PS Leistung, bis ein besseres Nachfolgemodell ihn ersetzte. (Foto: Sammlung Gebhardt)

Eine verbesserte Hydraulik gegenüber seinem Vorgänger wies der RS 14/30 »Favorit« auf. Von 1956 bis 1960 wurde dieser Schlepper hergestellt, aber bereits 1958 in »Famulus« umbenannt. Er besaß vorne und hinten Zapfwellen und ab 1957 einen luftgekühlten Motor mit 30 PS Leistung. (Foto: Sammlung Gebhardt)

Ab 1960 wurde die neue »Famulus«-Reihe mit dem Modell RS 14/36 fortgeführt. Die Bezeichnung wies auf die PS-Stärke hin. Das Ziel, einen ausreichend starken Traktor für die großen landwirtschaftlichen Flächen in der DDR zu erhalten, konnten jedoch auch die Modelle »Famulus« 40, 46 und 60 nicht zufriedenstellend erfüllen. (Fotos: Sammlung Gebhardt)

1949 stellte das Schlepperwerk Brandenburg den RS 03/30 »Aktivist« vor. Doch der 30-PS-Traktor wies von Anfang an einen Konstruktionsfehler auf, der ein Aufbäumen des Fahrzeugs zur Folge haben konnte. (Foto: © Ralf Weinreich)

KS 07/60 war die Bezeichnung für den ehemaligen FAMO »Rübezahl«. Der Vierzylinder-Viertakt-Diesel des ab 1952 gebauten Raupenschleppers leistete 60 PS. (Foto: Sammlung Gebhardt)

Mitte der 50er Jahre wurde die Leistung des »Rübezahl« auf 62 PS erhöht. (Foto: © Ralf Weinreich)

Der KS 30 »Urtrak« ersetzte das problematische Kettenlaufwerk des »Rübezahl« durch ein Pendelrollenlaufwerk. Die Probleme des Vorgängers konnten dadurch gelöst werden. Der Raupenschlepper wurde im Brandenburger Schlepperwerk von 1955 bis 1964 hergestellt. (Fotos: Sammlung Gebhardt)

IHC / Mc CORMICK

Bei der Mechanisierung der Landwirtschaft spielten neben den Engländern, den »Erfindern« der industriellen Revolution, bereits im 19. Jahrhundert auch die US-Amerikaner eine wichtige Rolle. Der Grund dafür lag in den enormen Weiten der amerikanischen Prärien.

Ab 1915 in den USA verkauft: IHC Titan10-20. (Foto: © Ralf Weinreich)

Der US-amerikanische Westen als Wegbereiter des Fortschritts

Für die Bewirtschaftung der ausgedehnten Prärieflächen in den USA im Laufe der Westexpansion waren im 19. Jahrhundert nur verhältnismäßig wenig Arbeitskräfte vorhanden. Dies förderte den Erfindungsreichtum, denn es galt, den Mangel an menschlichen Arbeitern durch den Einsatz von mechanischen Geräten auszugleichen.

Zu den Persönlichkeiten, die sich durch innovative Erfindungen im Bereich der Landwirtschaft in den Vereinigten Staaten hervortaten, gehörten z. B. Jerome I. Case, dessen Dampfmaschine nicht nur in der Lage war, das Korn zu dreschen, sondern zusätzlich zu reinigen. Oder John Deere, dessen Stahlpflug es den Landwirten ermöglichte, beim Pflügen nicht mehr ständig anhalten zu müssen, um ihn zu reinigen.

Wichtig für die Entstehung der späteren »International Harvester Company« (IHC) wurden Cyrus McCormick und William Deering. Beide besaßen jeweils einen eigenen Betrieb für Landwirtschaftsgeräte. McCormick hatte 1831 den Getreidemäher erfunden, Deering 1874 den Vorläufer des Getreidebinders. Die Siedler und Farmer im mittleren Westen der USA waren dankbare Abnehmer

für die Gerätschaften der beiden. Die Konkurrenz zwischen ihnen war so groß, dass sich die Firmen »McCormick Harvesting Machine Company« und »Deering Harvesting Company« auf dem Markt zeitweise geradezu bekriegten.

Ein Landwirtschafts-Gigant entsteht

Schließlich siegte jedoch die Vernunft, und beide Firmen schlossen sich im Jahr 1902 mit ein paar weiteren, kleineren Anbietern von landwirtschaftlichen Geräten zur »International Harvester Company« zusammen. Der neue Name deutete an, was für ein Ziel die neue, schon zu diesem Zeitpunkt große Firma ansteuerte: Expansion, und das nicht nur auf dem amerikanischen Markt, sondern weltweit.

»Mogul« war neben »Titan« einer der ersten IHC-Traktoren in den USA. Für den europäischen Markt waren sie weniger geeignet. (Fotos: Shahnoor Habib Munmun, © CC-BY-SA 3.0)

Von 1924 an produzierte IHC die erfolgreiche »Farmall«-Reihe. Das abgebildete Modell H ist bereits im typischen IHC-Rot lackiert und trägt mit McCormick und Deering in der US-Version die Namen beider Firmengründer auf der Haube. (Foto: © Case IH)

Als bereits nach kurzer Zeit eine teilweise schon marktbeherrschende Position in den USA erreicht war, griff IHC in andere Teile der Welt über, gründete Niederlassungen zunächst in England und weiteren Ländern des britischen Empires, anschließend in Schweden, Russland und im Jahr 1908 in Deutschland, genauer in Neuss bei Düsseldorf.

Zwei Jahre zuvor hatte der amerikanische Mutterkonzern mit den Modellen »Titan« und »Mogul« seine ersten beiden Traktoren vorgestellt. Doch diese großen und klobigen Eisenungetüme wollte in Deutschland niemand haben. Es erwies sich für IHC deshalb als die richtige Entscheidung, in Übersee eigene Produktionsstätten zu gründen, nicht nur, um die teuren Kosten für die Transporte aus den USA in die Zielländer einzusparen, sondern auch, um die Landwirtschaftsmaschinen marktgerecht für das jeweilige Land konstruieren zu können. Denn die Bedingungen im kleinräumigeren Europa unterschieden sich deutlich von denen in den Staaten. Ein bloßer Vertrieb der US-Erzeugnisse fand deshalb in Deutschland nur für eine Übergangszeit statt, dann fertigte das Werk in Neuss eigene Landmaschinen, allerdings noch keine eigenen Traktoren.

Während die Maschinen in den USA die Namen beider Firmengründer trugen, McCormick und Deering, wurden sie in Deutschland aufgrund verschiedener Vertriebsorganisationen nur jeweils entweder mit dem einen oder dem anderen Namen versehen.

1924 gelang IHC in den USA mit dem leichten Hackfruchttraktor »Farmall« nicht nur ein beeindruckender Vielzweckschlepper, er war zudem der Beginn einer langen Reihe von erfolgreichen Traktoren dieses Namens – nicht nur in den USA.

McCormick-Traktoren made in Germany

Mit dem Modell F 12 G, alternativ versehen mit den Firmenbezeichnungen »McCormick« oder »Deering«, brachte die deutsche IHC-Niederlassung in Neuss 1937 ihren ersten eigenen Traktor auf den Markt. Es handelte sich dabei um eine an deutsche Verhältnisse angepasste Variante des einige Jahre zuvor bereits in den Vereinigten Staaten erschienenen und seitdem importierten Modells »Farmall F 12«.

Ungewöhnlich für Europa war der 20 PS starke, wassergekühlte Vierzylinder-Viertakt-Vergasermotor des in Halbrahmenbauweise gefertigten Traktors. Den deutschen Bauern wäre ein Diesel sicher lieber gewesen. Dennoch kamen die zwar einfachen, aber zuverlässigen und robusten Schlepper, die wahlweise mit Gummi- oder Eisenräder zu haben waren, bei ihnen gut an.

Das IHC-Werk in Neuss gehörte zu den Schlepperbauern, die im Schell-Typenbegrenzungsplan Berücksichtigung fanden. So kam es, dass der F 12 G, umgebaut zum Holzgasschlepper, unter der neuen Bezeichnung »N 6« noch bis 1944 produziert werden konnte.

Während der Kriegsjahre stellte das Neusser Werk ergänzend zu den Traktoren Rüstungsgüter her. Ohnehin in der deutschen Rüstungsschmiede »Ruhrgebiet« gelegen, verschonten die alliierten Bomber Neuss nicht. Das Schlepperwerk erlitt dadurch sehr starke Beschädigungen, wurde aber nach dem Krieg nicht aufgegeben, sondern wieder aufgebaut.

Mit Eigenentwicklungen an die Spitze der deutschen Traktor-Branche

Nachdem die Kriegsschäden im Neusser Werk soweit behoben waren, dass wieder an eine Produktion von Schleppern gedacht werden konnte, machte sich IHC an eine Neuauflage des F 12. Allerdings erfuhr der Traktor zu diesem Zweck einige Überarbeitungen, darunter eine veränderte Optik. Gab sich das Vorkriegsmodell noch in unscheinbarem Grau und ohne Motorhaube, so glänzte die neue Version jetzt mit einer solchen in strahlendem Rot und dem Schriftzug »McCormick-Deering International«. Außerdem konnte die Maschine nun mittels elektrischem Anlasser gestartet werden, der Vergasermotor hingegen war derselbe geblieben.

Für IHC war klar, dass das Motorproblem gelöst werden musste, wollte man auf dem deutschen Markt bestehen, denn die hiesigen Landwirte erwarteten einen Dieselmotor. Dass diese Einschätzung richtig war, zeigte sich nach der Entwicklung eines Vierzylinder-Viertakt-Diesels und dessen Einbau in eine nagelneue, erstmals komplett in Deutschland entwickelte und gebaute Schlepperreihe, der sogenannten »D-Serie«. Diese ließ in den Folgejahren die Zulassungszahlen der McCormick-Traktoren steil in die Höhe gehen. Das erste Modell daraus, der 25-PS-Schlepper DF 25, wurde 1951 eingeführt und besaß an der Kühlerhaube den bekannten Namen »Farmall«. Weitere preiswerte und erfolgreiche Modelle, gefertigt in Blockbauweise, folgten ab 1952. Sie hörten auf die Bezeichnungen DLD 2, DED 3, DGD 4 und bedienten die Leistungsklassen zwischen 14 und 30 PS.

Ab 1957 ersetzte eine überarbeitete, mit neuer Kühlerhaube versehene D-Reihe die Vorgängerserie. Sie war mit dem innovativen »Agriomatic-Getriebe« ausgestattet, das es dem Schlepperfahrer ermöglichte, ohne zu kuppeln vom Straßen- in den Ackergang zu wechseln.

Der McCormick DLD 2 gehörte zur »Farmall«-Reihe, wurde 1953 auf den Markt gebracht und verfügte über einen 14-PS-Zweizylinder-Diesel. (Foto: W. Leiter, © CC-BY-SA 3.0)

F 12 G lautete die Bezeichnung des ersten McCormick-Schleppers aus dem deutschen Werk in Neuss. Von 1937 bis 1940 wurde der F 12 G in recht hoher Zahl produziert. Seine Motorleistung lag bei 15 PS. (Foto: © Ralf Weinreich)

20 PS stark war der McCormick DED 3, der von 1953 bis 1956 die Werkshallen in Neuss verließ. Sein Motor war ein Dreizylinder-Viertakt-Reihen-Wirbelkammerdiesel. (Foto: W. Leiter, © CC-BY-SA 2.5)

Mitte der 60er Jahre löste die neue »Common Market« (EWG)-Serie die bisherigen D-Reihen vollständig ab. Neben dem Herstellernamen »McCormick International« gehörte zur Typbezeichnung jetzt der Zusatz »D« für das Produktionsland Deutschland, gefolgt von einer dreistelligen Ziffer. Den Namen »Farmall« dagegen gab IHC hierzulande auf. Wiederum mit einem neuen Kühlergrill versehen, boten die fünf neuen Typen ein Leistungsspektrum von 26 bis über 70 PS. Vor allem die stärkeren Modelle verkauften sich so gut, dass der bereits 1960 erreichte 2. Platz in der Zulassungsstatistik im Jahr 1972 von einem 1. Platz übertroffen wurde.

Dies war auch der Einführung von wirklich starken Traktoren geschuldet, die bislang gefehlt hatten, durch britische Importe nicht ersetzt werden konnten, aber bis zum Jahr 1972 als Eigenentwicklungen (Sechszylinder-Modelle 946 mit 85 PS und 1046 mit 100 PS) endlich zum Verkauf standen. Dem mittlerweile angebotenen Leistungsspektrum zwischen 26 und 100 PS setzte das Modell 1246 mit 120 PS noch eins drauf.

Von 1959 bis 1962 baute IHC den McCormick-Schlepper D-436. Er besaß einen Vierzylinder-Viertakt-Diesel mit 36 PS, außerdem acht Vorwärts- und zwei Rückwärtsgänge. Der »Farmal«-Schriftzug war aufgegeben. (Foto: Joost J. Bakker, © CC-BY-SA 2.0)

International Harvester in der Krise: der Standort Neuss zieht den Kürzeren

Mitte der 70er Jahre strukturierte IHC Neuss sein Traktorprogramm um und führte neue Modelle ein. Der Erfolg blieb dem Schlepperhersteller zunächst treu, bis gegen Ende des Jahrzehnts ein folgenreicher Arbeitskampf beim Mutterkonzern in den USA die Wende einläutete. Dieser heftige Streik dauerte ungefähr ein halbes Jahr, brachte in den USA die Produktion zum Erliegen und schädigte gleichzeitig wegen der dadurch nicht lieferbaren Komponenten den deutschen Ableger in Neuss.

Die Verluste von International Harvester waren so groß, dass nicht nur die Marktführerschaft an John Deere weitergereicht wurde, sondern 1985 der Traktorenhersteller »J. I. Case«, welcher seit 1967 zum texanische Konzern »Tenneco« gehörte, die angeschlagene Firma übernahm. Von nun an hieß innerhalb der neuen »Case Corporation« die Traktormarke »Case IH«. Daraus ergab sich die neue Bezeichnung der zukünftig gemeinsamen rot-schwarzen Schlepper – »Case International«.

Der Standort Neuss kam in den Folgejahren zunehmend unter Druck, denn der neue Besitzer Case suchte sein Heil in schmerzhaften Rationalisierungsmaßnahmen. Zu diesen gehörte die Verlagerung einzelner Baureihen ins Ausland. Obwohl seit Beginn der 90er Jahre eine neue erfolgreiche Reihe namens »Maxxum« in Neuss von den Bändern lief, rettete dies den deutschen Standort nicht. Das neue Produktionszentrum für Europa lag fortan in Doncaster / Großbritannien, während die Neusser Werkstätten 1997 geschlossen, ein Jahr später sogar abgerissen wurden.

Damit verschwand fürs Erste der prestigeträchtige Name »McCormick« aus der Schlepperbranche. Seit der Markenname mitsamt dem Doncaster Werk allerdings im Jahr 2000 an die italienische »ARGO«-Gruppe weiterverkauft wurde, werden in England wieder Traktoren mit der Aufschrift »McCormick« produziert. Auch die Modellbenennungen »Farmall« und »Maxxum« finden sich nach wie vor auf den Motorhauben aktueller Schlepper, und zwar auf denen der Marke Case IH, die seit 1999 zum Konzern »CNH Global« gehört.

Mit einem Zweizylinder-Viertaktdieselmotor von 14 PS war das Modell D-215 ausgerüstet, das IHC von 1962 bis 1964 baute. (Foto: W. Leiter, © GFDL)

Vier Jahre lang – von 1962 bis 1966 – wurde in Neuss der McCormick D-219 mit 17 PS Motorleistung in rahmenloser Blockbauweise produziert. (Foto: Joost J. Bakker, © CC-BY-SA 2.0)

Der IHC 423 war ein Vertreter der neuen EWG-Reihe, die ab Mitte der 60er Jahre aus Neuss kam. Das 40 PS starke Modell wurde ab 1966 neun Jahre lang gebaut. Die Haubenform war einer Modernisierung unterzogen worden.

Den EWG-Schlepper 323 stellte IHC ab 1966 her. Gebaut wurde er acht Jahre lang. Er ersetzte den D-326. Die D-Reihe war von der EWG-Serie abgelöst worden.

An der Seite des IHC-Traktors 353 prangt groß der Schriftzug »International«. Den Namen McCormick hingegen sucht man vergebens. Dieser 34-PS-Schlepper von 1967 gehörte ebenfalls zur EWG-Reihe.

Erstmals mit Sechszylinder-Diesel ausgestattet war der IHC-Traktor 946, der bis zu 90 PS leistete. Der Schlepper wurde von 1971 bis 1977 in Neuss hergestellt. Auch eine Allradversion erschien von diesem Modell.

80 PS leistete der Vierzylinder-Viertakt-Diesel mit Direkteinspritzung des IHC-Traktormodells 844 S. Er wurde von Mitte der 70er bis Ende der 80er Jahre in Neuss produziert. Ab 1985 allerdings firmierte er unter dem Namen Case-IH. (Foto: Joost J. Bakker, © CC-BY-SA 2.0)

Von Ende der 70er Jahre bis ins Jahr 1990 entstand der IHC-Traktor 1255. Sein Sechszylinder-Dieselmotor leistete 125 PS.

Den 145-PS-Traktor 1255 produzierte IHC von 1979 bis 1990. Seine Höchstgeschwindigkeit betrug 30 km/h. Neben 17 Vorwärtsgängen besaß er neun Rückwärtsgänge. (Foto: Livetec 18, © GFDL)

Der Traktor 5140 erschien in den 90er Jahren unter der neuen Markenbezeichnung Case IH. Seine Motorleistung lag bei 110 PS. (Foto: Joost J. Bakker, © CC-BY-SA 2.0)

Seit den 90er Jahren baut der IHC-Nachfolger Case IH den Traktor MAXXUM. Im Bild zu sehen ist das Modell 110. (Foto: Brian Forbes, © CC-BY-SA 2.0)

Elektronisch gesteuerte Dieselmotoren mit Common-Rail-Einspritzung zeichnen die Case-IH-Traktoren der Puma CVX-Reihe aus, deren Leistung bis zu 269 PS reicht. Im Bild das Modell Puma 195. (Foto: Ferd JDF, © GFDL)

Im Jahr 2008 erschien der Case STX 500 Quadtrac mit sage und schreibe 500 PS Motorleistung. (Foto: © Ralf Weinreich)

JOHN DEERE

Der heutige Weltmarkführer John Deere begann seine Europa- und Deutschlandkarriere mit dem Aufkauf des Traktorenherstellers Lanz. Zunächst von deutschen Landwirten argwöhnisch beobachtet, setzte Deere seinen beispielslosen Aufstieg auch hierzulande fort und verlieh dem ehemaligen Lanz-Werk in Mannheim als größter außeramerikanischen Deere-Produktionsstätte neuen Glanz.

Der John Deere-Lanz 700 aus der 100er Serie wurde ab 1963 für zwei Jahre in Mannheim gebaut. 50 PS stark war das Fahrzeug und konnte um Mähwerk, Zugpendel, Riemenscheibe und Frontlader erweitert werden.

Ein selbstreinigender Stahlpflug erobert den Wilden Westen

Der spätere Weltmarktführer auf dem Gebiet der Landmaschinen startete aus bescheidensten Anfängen. Im beschaulichen Grand Detour südlich der Stadt Oregon im US-Bundesstaat Illinois entwickelte der Hufschmied John Deere mit improvisierten Mitteln 1837 den ersten selbstreinigenden Stahlpflug. Dieser war endlich in der Lage, den schweren und klebrigen Prärieboden zu meistern und leistete so die entscheidende Voraussetzung zur landwirtschaftlichen Durchdringung des mittleren Westens der USA.

Der enorme Erfolg, den John Deere mit seinem Stahlpflug erntete, führte zur raschen Vergrößerung der mittlerweile gegründeten Firma und der Ausweitung ihrer Produktion. Dreißig Jahre nach der bahnbrechenden Erfindung Deeres wurde das Unternehmen als »Deere & Company« in eine Aktiengesellschaft umgewandelt. Dessen Sitz war schon vor Jahren nach Moline verlegt worden. Nach einer nationalen Finanzkrise übernahm Ende der 1850er Jahre Sohn Charles in der Firma das Ruder.

Die Jahre des amerikanischen Bürgerkriegs und der gleichzeitigen Ernteausfälle in Europa bescherten den Landwirten im mittle-

Erschien im Jahr 1966 noch unter dem gemeinsamen Firmennamen John Deere-Lanz: das Schleppermodell 200 aus der seit 1960 gebauten 100er Reihe mit einem 25-PS-Zweizylinder-Viertaktdiesel. (Foto: © Deere & Company)

Zu Beginn der 60er Jahre ergänzte ein John Deere Traktor aus den USA das Angebot des Mannheimer Werkes in Deutschland im oberen Leistungsbereich: der 3010 wurde an den europäischen Markt angepasst, sein Vierzylinder-Diesel war 65 PS stark. (Foto: © Deere & Company)

ren Westen ertragreiche Zeiten, in denen viele landwirtschaftliche Großbetriebe entstanden, die zu einer noch stärkeren Nachfrage nach den Produkten von John Deere führten.

Mit der zunehmenden Expansion seines Unternehmens – John Deere selbst war 1886 gestorben – weitete sich auch das Netz an selbständigen Händlern in den USA aus. Sogar in Kanada entstand eine Filiale. Zu Beginn des 20. Jahrhunderts gliederte Deere nicht weniger als ein halbes Dutzend ehemals selbständiger Landmaschinenhersteller und ihre Produkte bei sich ein.

Mit Traktoren aus Illinois/USA hinaus in die Welt

Der Einstieg Deeres in sein zukünftiges Hauptgeschäftsfeld – Produktion von Traktoren – begann nach Übernahme der »Waterloo Gasoline Engine Company« direkt nach dem Ersten Weltkrieg. Bis 1924 baute Deere deren Schleppermodell »Waterloo Boy« weiter. In den 20er Jahren startete Deere mit der Herstellung eines eigenen Traktors, genannt »Modell D«. Dieser wurde zwanzig Jahre lang sehr erfolgreich gefertigt und sollte der langlebigste Schlepper der Firma werden. Deere hatte dabei von Anfang an auf die preiswertere Zweitakt-Technik gesetzt, um die Kosten sowohl für den Hersteller als auch den Verbraucher niedrig zu halten. In den Staaten vermochte Deere sich eine besonders treue Anhänger-

schaft zu schaffen, weil er während der Großen Depression die amerikanischen Landwirte unterstützte und ihnen ihre Traktoren bei Zahlungsrückständen nicht mehr wegnahm.
Der Zweite Weltkrieg bedeutete für Deere eine weitere Aufschwungphase, da einerseits der Bedarf an landwirtschaftlichen Erzeugnissen wuchs, andererseits aber kriegsbedingt immer weniger Männer als Arbeiter zur Verfügung standen und somit durch Maschinen ersetzt werden mussten.
In den 50er Jahren machte der amerikanische Landmaschinen-Hersteller neben neuen Traktorreihen mit zahlreichen Innovationen auf sich aufmerksam; die ersten selbstfahrenden Mähdrescher, Baumwollpflücker und Maisernter kamen auf den Markt, und alle waren serienmäßig mit elektrischem Anlasser ausgerüstet. Zusätzlich bereitete Deere in dieser Zeit eine brandneue und -moderne Schlepperreihe vor, deren Entwicklung stolze sieben Jahre in Anspruch nehmen sollte. Ende der 50er Jahre verabschiedete sich Deere von seinem Konzept der Zweizylinder-Schlepper.
Trotz aller Erfolge war es Deere bis dahin nicht gelungen, auf dem europäischen Traktorenmarkt einen Fuß in die Tür zu bekommen. Das war der Grund, weshalb der Konzern 1956 beim deutschen Traktorenhersteller Heinrich Lanz die Aktienmehrheit erlangte. Eine weitere Expansion ins Ausland fand noch im selben Jahr mit der Gründung einer Niederlassung in Mexiko statt.

John-Deere-Lanz – Teil eines multinationalen Unternehmens

In Mannheim wurden die Lanz-eigenen Traktoren nur noch eine Übergangszeit lang gebaut. Im Jahr 1960 verließen dann die ersten Schlepper einer neuen, unter Deeres Leitung konstruierten Reihe das Mannheimer Werk, welche die alten Lanz-Bulldog in Europa ersetzen sollten. Die Modelle 300 (28 PS) und 500 (36 PS) trugen den Doppelnamen John-Deere-Lanz, unter dem das Mannheimer Werk für einige Jahre ebenfalls noch firmieren durfte. Lackiert waren sie aber in Deeres Hausfarben Grün-Gelb. In Abkehr der bisherigen Politik der Amerikaner handelte es sich bei diesen Traktoren erstmals um moderne, in Halbrahmenbauweise gefertigte Vierzylinder-Modelle. Die Reihe wurde zwei Jahre später um das Modell 100 (ab 1966: 200) mit 18 (25) PS für die unterste und das Modell 700 mit 50 PS für die obere Leistungsstufe ergänzt. Spitzenmodell und Ersatz für den großen 60-PS-Lanz-Bulldog wurde der 65 PS starke 3010, dessen Einzelteile anders als die bisher genannten Typen aus den USA importiert wurde.
Noch waren nicht alle Landwirte in Deutschland bereit, vom populären Lanz Bulldog einfach so auf die amerikanischen Schlepper überzusatteln. Dennoch verzichtete die nachfolgende 10er Reihe Mitte der 60er Jahre, für deren Entwicklung John Deere viel ins Mannheimer Werk investiert hatte, erstmals ganz auf den renommierten Namen Lanz. Die Motoren für die 10er Reihe kamen aus der französischen Niederlassung von Deere.
Die grün-gelben Fahrzeuge waren mittlerweile also in den USA, Kanada, Mexiko und Deutschland vertreten. Dabei beließ es Deere jedoch nicht. Weitere Filialen in Frankreich, Argentinien und Südafrika folgten nach. Die Nachfrage in aller Welt sollte zukünftig aus diesen Ländern, Deutschland eingeschlossen, bedient werden.

Um die Traktoren aller dieser weltweit verteilten Deere-Produktionsstätten optisch und technisch auf den gleichen Stand zu bringen sowie eine effizientere Produktionsweise zu schaffen, mussten die Werke dieser Länder von jetzt an eng zusammenarbeiten und sich an gemeinsame Standards halten. Bestimmte Reihen der

Der John Deere-Traktor JD 920 aus der 20er Reihe wurde von 1967 bis 1975 in Mannheim hergestellt. Das Lanz war aus der Schlepperbezeichnung verschwunden. Dieses komfortabel zu bedienende Fahrzeug besaß einen Dreizylinder-Diesel mit 37 PS. (Foto: © Deere & Company)

Aus der seit 1972 vorgestellten 30er Serie stammte das Modell JD 1030. Dank seines geschlossenen Hydrauliksystems stand dem 48 PS starken Traktor jederzeit die benötigte Kraft für Lenkung oder Mähwerk zur Verfügung. (Foto: © Deere & Company)

Ein neues Verbrennungssystem, eine unter Last schaltbare unabhängige Zapfwelle und eine Leistung von 68 PS waren Merkmale des Bestsellers von 1972, das John Deere in Deutschland ein Jahr später erstmals zum Marktführer machte. (Foto: © Deere & Company)

Nur ein Jahr lang wurde der sechszylindrige, 118 PS starke John Deere-Traktor JD 4230 produziert, nämlich von 1976 bis 1977. Die Fahrzeugform der 30er Reihe war mittlerweile modernisiert worden. Als ersten Traktor hatten die Mannheimer ihn mit der klimatisierten Fahrerkabine »Sound Cap« ausgestattet. (Foto: © Deere & Company)

Deere-Traktoren kamen von nun an aus der Mannheimer Produktionsstätte, die sich so mit der Zeit zum größten Deere-Werk außerhalb der USA entwickelte. In den Staaten selber hatte sich Deere unterdessen zum Marktführer aufgeschwungen.

Lanz geht vollends in John Deere auf

Mit dem Jahr 1967 begann endgültig ein neues Kapitel in Mannheim. Zeitgleich mit der neuen Schlepper-Serie 20 kauften die Amerikaner die letzten Lanz-Aktien auf und verzichteten fortan auf die Nennung des deutschen Werkgründers im Firmennamen. In der 20er Serie erschienen Drei-, Vier- und Sechszylinderschlepper mit unter Last schaltbaren Getrieben. Deeres Produktpalette erweiterte sich zudem um Rasen- und Gartenmäher, Mähwerke und Schneefräsen, sodass nun die Boden- und Landschaftspflege ebenfalls bedient wurde.

Anders als viele seiner deutschen Mitbewerber feierte John Deere in den folgenden Jahren laufend neue Umsatzrekorde. Die allgemeine Krise auf dem Traktormarkt machte sich bei ihm nur kurz 1969 bemerkbar. Nach einer Neustrukturierung des Managements und der Neuordnung der vielfältigen Produktpalette stieg die Nachfrage nach den grün-gelben Traktoren in den 70er Jahren geradezu dramatisch an. Deere konnte sich so weltweit neue Märkte erschließen.

Die neue Schlepper-Generation war mit Beginn des neuen Jahrzehnts technisch und optisch komplett erneuert worden. Die 30er Reihe deckte das Leistungsspektrum zwischen 35 und 145 PS ab und verfügte über das neue Lastschaltgetriebe HILO, das ein hydraulisches Schalten unter Last ermöglichte. Weiterhin zeigten sich die Landwirte begeistert von der neuen Sound-Guard-Kabine, einer Fahrerkabine mit Überrollbügel, unter deren Schutz der Lärmpegel spürbar reduziert war. Ein neues Deere-Werk in Bruchsal entstand 1979 extra für die Herstellung dieser SG-Kabinen sowie für die Ersatzteilversorgung. Die neue 40er Reihe, die Ende des Jahrzehnts aufgelegt wurde, war serienmäßig mit diesen Kabinen sowie mit Frontantrieb ausgestattet.

Um auf individuelle Kundenwünsche eingehen zu können, bot Deere eine große Zahl an Wahl- und Zusatzausrüstungen an, mit denen nach Wunsch bestückt der Traktor bestellt werden konnte.

Ein neues Erscheinungsbild und mehr Leistung zeichneten die 40er Reihe von John Deere aus, die ab Ende der 70er Jahre bis Mitte der 80er Jahre produziert wurde. Das Modell 3140 erschien von 1979 bis 1986. Eine neu gestaltete SG2-Kabine, ein 97-PS-Sechszylinder-Diesel und eine komfortable Bedienungskonsole gehörten zu seinen Merkmalen. (Foto: © Deere & Company)

John Deere – der letzte unabhängige große Traktorbauer

Der starke Rückgang der Verkaufszahlen in den 80er Jahren als Folge einer schweren Rezession nach den inflationären Siebzigern ging an John Deere nicht spurlos vorüber. Während aber Mitbewerber entweder auf der Strecke blieben oder sich mit anderen fusionieren mussten, blieb Deere selbständig und erholte sich gegen Ende des Jahrzehnts rasch wieder.

Die Expansion durch Zukäufe, Kooperationen und Programmausweitungen setzte sich in den 90er Jahren fort. So ging auch der deutsche Rasenmäher-Hersteller SABO in den Besitz der Amerikaner über und ergänzt seither die nunmehr eigenständige Abteilung für Rasen- und Grundstückspflege.

Zur erstmaligen Marktführerschaft nicht nur in Deutschland verhalfen John Deere die völlig neu konstruierten 7000er- und 6000er-Reihen, von denen die Letztere in Mannheim produziert wurde. Das Besondere an diesen neuen Traktoren, die zu Beginn der 90er Jahre vorgestellt wurden, war deren Chassis-Konstruktion aus einem Brückenstahlrahmen statt der bisherigen Blockbauweise sowie ihr durchgängig modularer Aufbau. Dies erlaubte den einfachen Anbau einer Vielzahl von landwirtschaftlichen Arbeitsgeräten. Leistungsmäßig bewegten sich die neuen Traktoren im Bereich zwischen 75 und 160 PS. Mit 225 bis 425 PS stießen die Reihen 8000 und 9000 in noch höhere Regionen vor und bildeten die größten von Deere jemals gebauten Modelle. Alle Reihen wurden ab 1994 bzw. 1996 vorgestellt und vermochten hinsichtlich Wendigkeit, Komfort und Rundumsicht (mittels der neuen ComfortGuard-Kabine als Weiterentwicklung der alten SG-Kabine) sowie ihrer Steuerung zu beeindrucken.

Der Weltmarktführer mit dem Hirschemblem in der Gegenwart

Seit 2001 hat John Deere seine Führerschaft bei Landmaschinen und Traktoren auf dem deutschen Markt nicht mehr hergegeben. International scheint er ohnehin schwer einholbar, denn die globale Marktpräsenz wurde nach der Jahrtausendwende immer weiter ausgebaut. Sie bescherte dem Konzern laufend neue Rekordumsätze. Bereits im Jahr 2000 wurde mit Timberjack einer der führenden Forstmaschinenhersteller eingekauft. Das Produktangebot umfasst deshalb aktuell neben Traktoren, Land- und Rasenpflegemaschinen zusätzlich Forst- und Baumaschinen. Doch damit nicht genug: Selbst Finanzdienstleistungen hat John Deere im Angebot.

Seit Ende der 90er Jahre waren weitere Innovationen in neuen Traktor-Reihen eingeführt worden, wie etwa die TLS-Vorderachsfederung, die für eine gleichbleibend gute Zugkraftverteilung sorgt, oder die »PowrTech«-Motoren, die höchste Leistung bei minimalem Kraftstoffverbrauch versprechen. Für Sonderanwendungen stehen Spezialtraktoren bereit.

Zu den neuen Reihen, die seit der Jahrtausendwende erschienen

sind, gehören die 6010er Reihe mit Vier- und Sechszylinder-Traktoren im Leistungsbereich zwischen 80 und 150 PS, welche ab dem Jahr 2003 abgelöst wurde von der 6020er Reihe, deren stärkster Traktor 160 PS erzeugte; an ihre Stelle trat seit 2006 die Reihe 6030, die bis zu 205 PS zur Verfügung stellte.
Im unteren Leistungsbereich stellte John Deere die Baureihen 5020 und seit 2008 die 05er Reihe vor.
In Mannheim befindet sich indes nicht nur die größte außeramerikanische Produktionsstätte von Deere, hier ist außerdem der Hauptsitz des Konzerns für Europa beheimatet. Weitere Standorte von John Deere in Deutschland stehen in Bruchsal (Fahrerkabinen), Zweibrücken (seit den 60er Jahren: Mähdrescher u. a.), Gummersbach (SABO-Rasenmäher) und Stadtlohn (Erntevorsätze der 1995 aufgekauften Firma Kemper). Der größte Teil der in Deutschland produzierten Maschinen werden in alle Welt exportiert, in letzter Zeit besonders nach Asien und Osteuropa.
Global ist der Landmaschinenhersteller in über 30 Ländern mit zahlreichen Niederlassungen vertreten. Seine Produkte werden in über 160 Ländern verkauft, und das bei einem Jahresgesamtumsatz von sage und schreibe mehr als 11 Milliarden Euro.

Der Traktor 4040 stammte ursprünglich aus dem amerikanischen Stammwerk von John Deere. Ab 1977 lief der 110-PS-Großtraktor auch aus den Mannheimer Fertigungshallen. (Foto: © Deere & Company)

Mit neuem Design, höherer Arbeitskraft bei gleicher Motorleistung und sparsamerem Verbrauch präsentierte sich ab Mitte der 80er Jahre die John-Deere-50er Reihe. Das Modell 1750 besaß eine Allradachse, einen 50-PS-Dreizylinder-Diesel und auf Wunsch eine MC1-Kabine. Außerdem standen eine Allrad- und eine Hinterradversion zur Wahl. (Foto: © Deere & Company)

Von 1986 bis 1993 stellten die Mannheimer den John Deere 3350 her. Sein Sechszylinder-Viertakt-Diesel leistete 100 PS. Viele Hydraulikfunktionen konnten gleichzeitig abgerufen werden. (Foto: © Deere & Company)

Mit der 6000er Reihe, die John Deere ab 1992 auf den Markt brachte, wendete sich das Unternehmen ab von der Blockbauweise und hin zu einer neuen, flexiblen Modulbauweise. Das Modell 6100 wurde fünf Jahre lang gefertigt, sein Vierzylinder-Viertakt-Diesel leistete 75 PS. (Foto: © Deere & Company)

An größere Landwirtschaftsbetriebe richtete sich der John Deere 6600. Dieser allradgetriebene Großtraktor besaß einen Sechszylinder-Viertakt-Turbodiesel mit einer Leistung von 110 PS. (Foto: © Deere & Company)

Ab 1997 wurde die 6000er Reihe von der Serie 6010 abgelöst. Neue Motoren mit höherer Leistung, neue Getriebe und höherer Fahrkomfort unterschieden die beiden Generationen voneinander. Das 75-PS-Modell 6010 wurde bis 2003 hergestellt. (Foto: © Deere & Company)

115 PS bezog der John Deere 6610 von seinem Sechszylinder-Viertakt-Turbodiesel. Wie die anderen Traktoren der 6010er Serie verfügte er über das neue Auto-Quad-Getriebe und konnte mit biologisch abbaubaren Schmierstoffen betrieben werden. (Foto: © Deere & Company)

Auch mit der 6020er Reihe, die ab 2003 vorgestellt wurde, betrat John Deere technisches Neuland. Der Traktor 6220 bekam einen der neuen verbrauchsarmen »PowrTech«-Motoren mit 90 PS. Auch das Äußere der neuen Traktoren hatte wiederum eine Modernisierung erfahren. (Foto: © Deere & Company)

Flaggschiff der 6020er Reihe war der John Deere 6920. Sein Sechszylinder-Viertakt-Turbodiesel leistete150 PS. Gebaut wurde er zwischen 2003 und 2006. Zur Ausstattung gehörte u. a. die GPS-gesteuerte »AutoTrack«-Lenkautomatik, welche den Traktor ohne Fahrerhilfe auf exakt parallelen Spuren führte. (Foto: © Deere & Company)

Von 2004 bis 2007 produzierte das Mannheimer John Deere-Werk den Traktor 7720 aus der 7020-Reihe. Dieses Fahrzeug war allradgetrieben, sein Sechszylinder-Motor leistete 170 PS. (Foto: Flominator, © CC-BY-SA 2.5)

Mit 100 PS Leistung bildete der John Deere 5100 R das neue Topmodell innerhalb der 5er Serie. Der Traktor verfügt über eine kippbare neue Fahrerkabine, Klimaanlage, luftgefederte Sitze und ein schwenkbares Armaturenbrett. (Foto: © Deere & Company)

Seit 2006 ersetzen die Traktoren der Reihe 6030 die Vorgängerreihe 6020. Das Modell 6534 brachte John Deere 2010 auf den Markt. Zu seiner Ausstattung zählen ein Vierzylinder-Vierventil-CommonRail-Diesel mit 145 PS, ein PowrQuad-Plus-Getriebe und Allradantrieb. (Foto: © Deere & Company)

KRAMER

Schon Jahre bevor die Gebrüder Emil, Hans, Franz und Karl Kramer 1925 die nach ihnen benannte Maschinenfabrik im badischen Gutmadingen gründeten, hatten sie sich mit Möglichkeiten beschäftigt, durch motorisierte Geräte den Kleinbauern das Arbeiten leichter zu machen und selber damit Geld zu verdienen.

Ausgestattet mit Motoren von Güldner und einem zugkräftigen neuen Namen, so brachte Kramer den K 18 »Allesschaffer« 1937 auf den Markt. Sein Dieselmotor mit Verdampfungskühlung leistete 11 PS. (Foto: Ritchyblack, © CC-BY-SA 3.0)

Motorisierung für die Kleinbauern

Die Brüder selbst waren mit der Landwirtschaft aufgewachsen, kannten also die Probleme, die es zu bewältigen galt, und hatten seit dem vom ältesten Bruder Emil geleiteten Landwirtschaftshandel nach dem Ersten Weltkrieg nun beruflich damit zu tun. Zeitgleich mit der Gründung ihrer Maschinenfabrik stellten die Kramer-Brüder das Ergebnis ihrer Experimente vor: den ersten selbstfahrenden deutschen Motormäher. Ausgestattet mit Eisenreifen und einem luftgekühlten Einzylinder-Zweitakter-Motor von DKW (4 PS), rief das Gerät bei seinem Erscheinen einiges Aufsehen hervor, verkaufte sich aber noch nicht, wie erhofft. Erst die praxisgerechtere Leistungssteigerung auf 8 und 10 PS drei Jahre später verhalf ihm zum Erfolg. Die Kramer-Brüder entwickelten ihren Motorgrasmäher laufend weiter, seine Leistung stieg 1929 auf 12 und 14 PS. Außerdem brachten sie zusätzlich weitere landwirtschaftliche Geräte auf den Markt und tauften schließlich ihren Betrieb um in »Fabrik für Kleinschlepper und Motorgrasmäher«. Der Erfolg ließ ihren Bekanntheitsgrad in Süddeutschland stetig wachsen.

Der »Allesschaffer« wird zum Bestseller

Die Weltwirtschaftskrise am Übergang der 20er zu den 30er Jahren machte auch Kramer zu schaffen. Doch der Betrieb nutzte diese Zeit, um in den zum Kleinschlepper weiterentwickelten Motormäher eine Anzahl von Neuerungen einzubringen. 1933 – Emil Kramer war mittlerweile verstorben – stellten die Brüder die Schlepper GL 9 mit 10 PS und den GL 14 mit 14 PS vor. Um vom teuren Benzin wegzukommen, stattete Kramer die beiden Schlepper mit Güldner-Dieselmotoren aus – einige der wenigen

Zum 25-jährigen Jubiläum des Traktorenbaus bei Kramer zeigte dieser Prospekttitel von 1950 das Erfolgsmodell K 22 T »Allesschaffer«. Gleichzeitig weist er auf die insgesamt fünf Sitzmöglichkeiten dieses Schleppers hin. (Foto: Sammlung Gebhardt)

Anfang der 50er Jahre stellte Kramer seinen Schlepper KB 22 vor. In rahmenloser Blockbauweise gehalten, lieferte sein Zweizylinder-Viertakt-Reihen-Diesel von Güldner 22 PS Leistung. (Foto: Theo, © CC-BY-SA 3.0)

Den Ackerschlepper K 15 baute Kramer zwei Jahre lang, von 1954 bis 1956. Seine Leistung von 15 PS bezog er von einem wassergekühlten Zweizylinder-Viertakt-Diesel. (Foto: granada-turnier, © CC-BY-SA 2.0)

Dieselmotoren, die bereits ausgereift genug für einen solchen Einsatz waren. Die bisherigen Eisenräder wurden durch Gummibereifung ersetzt. Als Getriebe kam ein viergängiges von Prometheus zum Einsatz. Beide Schlepper wurden erstmals bei Kramer fließbandmäßig hergestellt, um den Produktionsausstoß erhöhen zu können.

Ihren großen Durchbruch hatten diese Schlepper drei Jahre später, als sie neben den neuen Modellbezeichnungen K 12 bzw. K 18 den zugkräftigen Namen »Allesschaffer« erhielten. Der Name schien Programm zu sein, denn trotz ihrer Einfachheit waren sie vielseitig einsetzbar, robust und zuverlässig, in der M-Variante bereits ab Werk mit einem Mähwerk ausgestattet und zudem noch preiswert in der Anschaffung.

Der große Verkaufserfolg hatte mehrere Konsequenzen: Kramer selbst wandelte sich zu dieser Zeit in eine GmbH. Darüber hinaus konnte das Gutmadinger Werk kaum noch Schritt halten mit den Bestellungen, sodass in Überlingen am Bodensee eine neue Fertigungshalle zugekauft wurde.

Die Qualität der Kramer-Schlepper führte nun zu einem landesweiten Bekanntheitsgrad, zusätzlich standen jetzt erste Exporte an. In der Liga der Kleinschlepper nahmen sie mittlerweile eine Spitzenposition ein.

Dann kam der Zweite Weltkrieg. Die Traktoren von Kramer passten eigentlich nicht in den Typenvereinheitlichungsplan, den die Nationalsozialisten als Teil ihrer Kriegsvorbereitungen vorgeschrieben hatten. Doch obwohl aus diesem Grund Kramer unter der Bezeichnung K 22 einen neuen Schlepper in der vorgeschriebenen Blockbauweise konstruierte, wurde weniger er, als vielmehr der allseits beliebte »Allesschaffer« bis ins Jahr 1942 weiterproduziert. Abgelöst wurden beide bis zum Kriegsende wegen des akuten Treibstoffmangels durch den Holzgasschlepper K 25, der auf dem kaum zum Zuge gekommenen K 22 basierte.

Der 22-PS-Schlepper Kramer KL 22 erschien von 1954 bis 1957. Als Motor kam diesmal ein Zweizylinder-Viertakt-Diesel von Deutz zum Einsatz. (Foto: Perfect 401 es, © CC-BY-SA 3.0)

Vom Vielzweck-Kleinschlepper zur vielfältigen Angebotspalette

Kramer hatte im Gegensatz zu vielen Mitbewerbern das Glück, an seinen Produktionsstätten Gutmadingen und Überlingen keine nennenswerten Kriegsbeschädigungen beklagen zu müssen. Trotzdem kam die kleine Firma aus dem Schwarzwald nicht ganz ungeschoren davon, denn die französische Besatzungsmacht demontierte einen Großteil der Fertigungsanlagen. Außerdem war einer der Brüder, Franz Kramer, im Krieg gefallen.

Wegen dieser widrigen Umstände gelang es erst drei Jahre nach Kriegsende, mit der Neuauflage des »K 18 Allesschaffer« einen verkaufsfertigen Nachkriegsschlepper anbieten zu können. Weil in diesen Jahren das Geld knapp war, kam den Kleinbauern in Westdeutschland dieses einfache, aber preiswerte Gefährt gerade recht. Und so konnte die bewährte, aber nicht mehr taufrische Konstruktion noch bis ins Jahr 1950 produziert und an den Mann gebracht werden.

1950 feierte Kramer sein 25-jähriges Bestehen. Zu diesem Anlass stellte die Firma mit dem Jubiläumsmodell K 22 Th ihren ersten Schlepper mit Luftkühlung vor. Diese fortschrittliche Kühlungstechnik verwendete Kramer künftig in immer mehr Modellen, bis sie die althergebrachte Wasserkühlung schließlich ganz ersetzte. Dennoch wurde der größere Verkaufserfolg das immer noch mit Verdampfungskühlung ausgestattete Modell K 12 V.

Kramer verlegte 1952 seinen Hauptsitz nach Überlingen am Bodensee und streifte mit der Einführung der leistungsstärkeren, vor allem für den Export bestimmten Modelle K 28, K 33 und K 45 langsam sein Image des Kleinschlepper-Herstellers ab. Die Motoren bezog Kramer von MWM, Güldner und Deutz; die Getriebe wurden ab 1954 zunehmend selbst entwickelt.

Kramer weitete seine Modellpalette stark aus und bot mittlerweile in allen Leistungsklassen Traktoren an. Besonders breit war das Angebot jedoch bei den stärker nachgefragten kleinen Serien.

Kramer hatte zu dieser Zeit einen Marktanteil von fünf Prozent erworben und begann nun gegen Ende der 50er Jahre sein Programm um Baumaschinen zu erweitern, die den Betrieb durchs kommende Jahrzehnt tragen und die weitere Zukunft von Kramer bestimmen sollten.

Niedergang der Schleppersparte

Vom Einbruch des Kleinschleppermarktes zu Beginn der 60er Jahre war Kramer natürlich besonders betroffen. Glücklicherweise konnte der Betrieb dies (noch) mit dem gutgehenden Baumaschinengeschäft ausgleichen.

1962 überarbeitete Kramer seine Schlepper gründlich. Neben der optischen Aufwertung durch eine moderne, aufklappbare Motorhaube besaßen alle im Inland verkauften Maschinen der Modelle KL 300 und KL 400 nun eine Luftkühlung sowie ein völlig neues Getriebe aus eigenem Haus. Diese Schlepper fanden wieder ihre Käufer. Zwar wurde die Produktion des KL 400 bereits 1964 wieder eingestellt, der KL 300 hingegen verkaufte sich noch weitere vier Jahre. Um auch künftig auf dem Schleppermarkt mitmischen zu können, musste Kramer jedoch ein zu breites Typenprogramm am Laufen halten, das sich aufgrund der zu kleinen Serien immer we-

Zu Beginn der 70er Jahre brachte Kramer den Traktor 514 aus der neuen 14er Reihe auf den Markt. Statt im bisherigen Grünton war dieses neue Schleppermodell in Rot lackiert und präsentierte sich mit eckiger Motorhaube. Sein luftgekühlter Dreizylinder-Viertakt-Diesel lieferte 50 PS. Den 514 gab es sowohl mit Hinterrad- als auch Allradantrieb.

Kramer ist mittlerweile in der Baumaschinenbranche tätig. Hier zu sehen ein Kramer 380 Allrad. (Foto: 4028mdk09, © CC-BY-SA 3.0)

niger lohnte. Gegen Ende der 60er Jahre war Kramers Marktanteil auf unter ein Prozent gefallen.

Dennoch stellte Kramer 1969 eine neue Schlepper-Serie vor. Die Modelle KL 260/360/450 und 600 Export besaßen ein Synchronschaltgetriebe, eine neue Karosserie und unterschieden sich von den Vorgängern äußerlich durch ungewohnt eckige Hauben.

In den Jahren 1970 bis 1973 ergänzten u. a. mittelschwere und schwere Allrad-Traktoren mit 30 bis 64 PS Leistung aus der neuen 14-er Reihe das Angebot. Doch trotz hochwertiger Technik und Qualität war die Nachfrage zu klein und Kramer beendete 1973 sein Engagement auf dem Traktorensektor. Lediglich der Systemschlepper »Zweiwege-trac« 1014 mit seinem Deutzmotor in den Leistungsstufen von 105 bis 121 PS wurde noch bis 1980 gebaut und nicht nur in der Landwirtschaft, sondern ebenso in der Forstwirtschaft eingesetzt.

Kramer selber versuchte auf dem Gebiet der Baumaschinenproduktion und anderen Sparten zu überleben. 2000 kam es zu einer ersten Fusion mit der österreichischen »Neuson Baumaschinen GmbH«, sieben Jahre später fand eine zweite mit der Firma Wacker zur »Wacker Neuson SE« statt. Die Produktionsstätte von Kramer – immer noch als Marke (»Kramer Allrad«) existent – wurde nach Pfullendorf verlegt.

KRÜMPEL

Zu den vielen kleinen und kleinsten Schlepperherstellern, die in den 30er Jahren auf den Zug der Motorisierung und Mechanisierung in der Landwirtschaft aufgesprungen waren, gehörte auch der kleine Familienbetrieb Krümpel im westfälischen Wettringen.

Landmaschinen und Konfektionsschlepper von einem Tüftler aus dem Münsterland

Um sich eine eigene Existenz aufzubauen, richtete im Jahr 1927 der junge Joseph Krümpel in einer Scheune auf dem Hof seiner Eltern eine Schlosserei ein, in der er Landmaschinen zur Reparatur annahm, aber auch Neumodelle verkaufte. Dabei beließ es der gelernte Schmied jedoch nicht. Als begeisterter Bastler und Tüftler konstruierte er im Laufe seines Lebens eine Vielzahl an Maschinen und konnte so zahlreiche Entwürfe zum Patent anmelden. Beispiele dafür waren ein sogenannter Zerstäuberdünger für die Kartoffelkäferbekämpfung und eine Maschine zur Ausbesserung von Straßen. Die Werkstatt in der elterlichen Scheune war natürlich nur eine Behelfslösung und so erfolgte einige Zeit später der Umzug in ein eigenes Wohn- und Geschäftshaus in der Bilkerstraße in Wettringen. Dort entstand 1938 der erste selbstzusammengebaute Ackerschlepper K 22 in rahmenloser Blockbauweise von Krümpel. Obwohl alle Bauteile von anderen Firmen bezogen wurden – von Deutz stammte der Zweizylindermotor F2M 414, das Getriebe lieferte Prometheus –, hatte sich Joseph Krümpel viele Gedanken gemacht, wie ein solches Gefährt idealerweise beschaffen sein müsste. Seine Lösung erfüllte die Wünsche der umliegenden Landwirte nach einem hubraumgroßen und robust konstruierten Traktor.

Krümpel fertigte mit einer kleinen Mitarbeiterschaft die Blech- und Fahrgestellteile von Hand und montierte darin die fremdbezogenen Bauteile. Zur soliden Konstruktion trug gerade das verwendete dicke Blech ganz wesentlich bei. In der Region stieß der 22-PS-Schlepper, der auf Wunsch mit einem mechanischen Mähwerk ausgestattet werden konnte, auf große Resonanz. Doch mehr als fünf bis sechs Traktoren pro Jahr schaffte das kleine Unternehmen einfach nicht. Die Lieferzeiten konnten durchaus bis zu einem halben Jahr betragen. Mehr als zwanzig Konfektionsschlepper vermochte Krümpel bis in die Anfangsjahre des Zweiten Weltkrieges nicht herzustellen, zudem fehlte ihm für eine Expansion das erforderliche Vertriebsnetz, und als Konstrukteur war er ohnehin besser denn als Verkäufer.

Spezialmaschinen für die Industrie statt Ackerschlepper

Joseph Krümpel musste wie die meisten Traktorbauer während des Krieges die Produktion ruhen lassen. Um in Friedenszeiten mit dieser wieder beginnen zu können, versteckte er auf seinem Land

Der K 22 von Krümpel war schon vor dem Zweiten Weltkrieg entstanden. Nach dem Krieg baute Krümpel das Modell erneut, ersetzte aber bald den 22-PS-Motor durch einen mit 25 PS. (Foto: www.der-schlepper.de)

Schlepperbaumaterial wie Motoren und Getriebe, damit es nicht von den Nazis konfisziert werden konnte.

Die Rechnung ging auf. Sofort nach der Währungsreform im Jahr 1948 – vorher hätte er keinen angemessenen Gegenwert für seine Schlepper erhalten – brachte Krümpel wieder seinen Vorkriegstraktor auf den Markt. Schon bald verbaute er einen 25-PS-Nachfolgemotor von Deutz und brachte weitere konstruktive Veränderungen an dem Fahrzeug an.

Bis 1952 produzierte die kleine Firma diesen Traktor – insgesamt waren zwischen 80 und 100 Fahrzeuge entstanden –, doch dann stellte Krümpel die Herstellung ein, da er zum Schluss kam, dass seine Produktionskosten auf Dauer nicht mit denen von Großserienherstellern mithalten konnten. Außerdem hatte er sich durch den Vertrieb der Mitbewerbermodelle von Fahr die Konkurrenz ins eigene Haus geholt.

In Zukunft widmete sich Krümpel wieder seiner besonderen Stärke, der einfallsreichen Erfindung von verschiedensten Maschinen und Geräten, nicht nur für die Landwirtschaft, sondern auch für die Industrie. Erst Mitte der 90er Jahre, nach dem Tod des mittlerweile geschäftsführenden Sohnes Ludger Krümpel, schloss der Familienbetrieb für immer seine Pforten.

LANZ

Der »Bulldog« des Mannheimer Schlepperbauers Lanz wurde weltweit berühmt. Mit seinem Glühkopfmotor eroberte er sich in Europa und in der Welt eine treue Anhängerschaft. Selbst der Konkurrenz des Dieselmotors vermochte Lanz eine Zeit lang zu trotzen. Bis das zu lange Festhalten an der in die Jahre gekommenen Konstruktion dann doch den Betrieb in Bedrängnis brachte.

Der Beginn einer Legende: 1921 erregte der Lanz »Bulldog« HL mit seinem seltsamen Aussehen und seinem genauso eigenwilligen Antrieb Aufmerksamkeit. Denn seine 12 PS Leistung bezog der Schlepper von einem Einzylinder-Zweitakt-Glühkopfmotor, der einen sparsamen Betrieb garantierte. (Fotos: Robotriot, © CC-BY-SA 3.0 / Wolfgang Sauber, © CC-BY-SA 3.0)

Vom Landmaschinenvertreiber zum Landmaschinenproduzenten

Die Geschichte um einen der großen Pioniere der landwirtschaftlichen Motorisierung in Deutschland begann im Jahre 1859, als Heinrich Lanz in die Speditionsfirma seines Vaters am Bodensee eintrat und dort den Vertrieb englischer Landmaschinen übernahm. Weil zu diesem Zeitpunkt in Deutschland die Arbeit in der Landwirtschaft vorwiegend von Menschen und ihren Zugtieren geleistet wurde, musste Lanz die potentielle Kundschaft erst von den Segnungen der damals führenden englischen Maschinen überzeugen.

Dass er hierbei nicht auf taube Ohren stieß, zeigte sich an den stetig steigenden Absatzzahlen. 1867 verlegte er deshalb mit der Filialgründung in Mannheim nicht nur den Landmaschinenvertrieb nach dorthin, sondern begann zeitgleich mit der Entwicklung und dem Bau eigener Maschinen. Lanz war hierbei so erfolgreich, dass seine großen, selbstkonstruierten Dampflokomobile und Dampfdreschmaschinen ihrer Qualität wegen bald nicht nur im Inland, sondern ebenso im Ausland bekannt und gefragt waren. Als Heinrich Lanz 1905 starb, hinterließ er seinem Sohn Karl ein europaweit führendes Unternehmen.

Eine erste Abkehr vom Dampfmaschinenbetrieb stellte ab 1912 die Lizenzfertigung der ungarischen »Köszegi-Bodenfräse« dar, ein schweres, 80 PS starkes benzinfressendes Monstrum, an dem selbst landwirtschaftliche Großbetriebe nur wenig Freude hatten. Die »Heinrich Lanz oHG« versuchte sich in diesen Jahren bis zum Kriegsende in Kooperation mit der Firma Schütte zusätzlich im Luftschiffbau.

Lanz Bulldog – die Schlepper-Legende mit Glühkopfmotor

Nach dem Ersten Weltkrieg setzte Lanz mit dem »38 PS Feldmotor« zunächst auf eine schwere Zugmaschine mit Verbrennungsmotor. Doch zu Beginn der 20er Jahre zahlten sich die Entwicklungsarbeiten des Dipl.-Ing. Dr. Fritz Huber aus. Der mit dessen Glühkopfmotor ausgestatte »12 PS Bulldog HL« bedeutete 1921 für Lanz nicht nur den Durchbruch auf dem Schleppermarkt, sondern ebenfalls den Beginn einer langlebigen Traktorenlegende, deren Name »Bulldog« zugleich zum Gattungsbegriff für landwirtschaftliche Zugmaschinen avancierte.

Am Lanz Bulldog war alles eigenwillig, das merkwürdige Aussehen, das ihm seinen Namen beschert hatte, ebenso wie sein Antrieb, der Einzylinder-Zweitakt-Glühkopfmotor. Dieser stellte eine dritte Gruppe zwischen Benzin- und Dieselmotoren dar; die Zündung erfolgte bei ihm durch die zum Glühen gebrachten Wände der Vorkammer – des Glühkopfes. Obwohl der Motor umständlich angelassen werden musste (Vorwärmen mit einer Lötlampe), überwogen vor allem für Kleinbauern die Vorteile, weshalb er rasch seinen Siegeszug in Deutschland antrat: Er war unverwüstlich, robust und zeigte sich bezüglich der Treibstoffsorte und -qualität nicht wählerisch, was sich kostensenkend auswirkte. Aufgrund dieser Eigenschaften stellte der bereits mit ihm konkurrierende, aber oft noch nicht ausgereifte Dieselantrieb für den Glühkopfmotor von Lanz vorerst keine Gefahr dar. Allerdings besaß der »Bulldog HL« noch keinen Rückwärtsgang. Zum Rückwärtsfahren musste die Motordrehrichtung umgeschwenkt werden. Die Motorisierung vor allem der Kleinbauern in Deutschland konnte dennoch ihren Anfang nehmen.

Einige Jahre später – den Bau von Lokomobilen hatte man mittlerweile eingestellt – erschien mit dem »Lanz Bulldog 22/28 PS HR 2« eine große Verkehrs- und Ackermaschine, die zwar auf die großen Betriebe im Osten Deutschlands abzielte, aber genauso begehrt im Ausland war. Zugleich führte das nunmehr nach dem Tod von Karl Lanz zur Aktiengesellschaft mutierte Unternehmen erstmals die Fließbandfertigung ein.

Weil Traktoren mit der bislang üblichen Verdampfungskühlung in Ländern mit Wasserarmut nicht gut zu gebrauchen waren, stellte der Traktorpionier 1927 seine Modelle auf Thermosiphonkühlung um. Der »Lanz Bulldog 15/30 PS HR 5« – Nachfolger des HR 2 – erhielt durch die Verkleinerung des Kühlwasserinhalts eine schlankere Formgebung.

Lanz entwickelte den Bulldog stetig weiter zum Allzweckschlepper, verpasste ihm eine Vollgummibereifung, verbreiterte die Modellpalette, baute Spezialvarianten und ergänzte sein Programm um weitere Landmaschinen. Der Schlepperhersteller konnte von den wirtschaftlichen Aufschwungphasen in den 20er und 30er Jahren profitieren, umschiffte die Klippe der Weltwirtschaftskrise und war 1934 bereits der größte Landmaschinenhersteller Deutschlands – jeder zweite Traktor trug den Lanz-Schriftzug auf der Haube. Acht Jahre später stand Lanz außerdem an der Spitze Europas.

Der Export des berühmten Lanz Bulldog ins Ausland hatte im Lauf der Jahre immer mehr zugenommen, kurz vor Ausbruch des Zweiten Weltkriegs befand sich der Ausfuhranteil mit über 60 Prozent auf dem Höchststand. Ausländische Traktorenhersteller bauten ihn mittlerweile in Lizenz nach, so in Polen, Ungarn und Australien; nach dem Krieg auch in Frankreich.

Dank ihres genügsamen Antriebs hatten die Lanz-Traktoren keine Probleme, in das Schell-Typisierungsprogramm der Reichsregierung aufgenommen zu werden, das zur Effizienzsteigerung und Ressourceneinsparung für den kommenden Krieg die Typen-Vereinheitlichung bei Motorrädern, Autos und Traktoren vorschrieb. Nach dem Verbot von kraftstoffbetriebenen Schleppern – Lanz hatte eben seinen 100.000sten Traktor präsentiert – stellten die Mannheimer ihre Produktion notgedrungen ebenfalls auf Holzgasbetrieb um.

Umständliches Anlassen des Glühkopfmotors: Mittels Zündlampe muss der Motor auf Zündtemperatur vorgeheizt werden. (Foto: High Contrast, © CC-BY-SA 3.0)

Die Wende – der Glühkopfmotor unterliegt dem Dieselantrieb

Der Zweite Weltkrieg beendete den bislang schier unaufhaltsamen Höhenflug der Heinrich Lanz AG. Die alliierten Luftangriffe hatten 90 Prozent des Mannheimer Werkes in Schutt und Asche gelegt. Trotzdem gelang es Lanz, sich 1945 zunächst mit der Herstellung von Ersatzteilen über Wasser zu halten. Mit zusammengeklaubten Einzelteilen aus Restbeständen oder von Traktorenwracks bastelten die Mannheimer im selben Jahr 55 Traktoren zusammen. Allerdings mussten noch fünf Jahre vergehen, ehe das Unternehmen wieder ein vollständiges Programm zum Verkauf anbieten konnte. Zunächst schien alles so weiterzulaufen, wie Lanz das vor dem Krieg gewohnt war. Sein Ruf reichte aus, um seinen neuaufgelegten Bulldog wieder in großer Zahl verkaufen zu können. Das be-

traf hauptsächlich die HN-3-Reihe, von der bis 1952 stolze 10.000 Nachkriegstraktoren gebaut und verkauft waren. Doch der Konkurrenz des Dieselmotors war mittlerweile auch nicht mehr mit einem noch so guten Ruf beizukommen, denn dieser erwies sich als mindestens genauso leistungsfähig, dabei aber laufruhiger und wesentlich spritsparender als der Einzylinder-Glühkopfmotor des Lanz Bulldog; zudem war er weniger hoch besteuert.
Lanz hatte es versäumt, noch vor dem Krieg einen alternativen Antrieb zu entwickeln. Dies versuchte er in den ersten Nachkriegsjahren nachzuholen – Lanz experimentierte sowohl mit mehrzylindrigen Glühkopfmotoren als auch mit Dieselaggregaten, ohne jedoch vorerst auf das Glühkopfprinzip verzichten zu können. Als erstes verwertbares Resultat entsprang diesen Experimenten der – weiterhin einzylindrige – Halbdiesel-Mitteldruckmotor, mit dem die neuen Traktoren der Reihen HE, HN und HR zu Beginn der 50er Jahre ausgerüstet wurden. Dieser war ein Mittelding zwischen einem reinen Glühkopf- und einem Dieselaggregat.
1952 stellten die Mannheimer ein Gerät vor, welches das Zeug zum Bestseller hätte haben können. Der »Lanz Alldog« war ein modern konstruierter Geräteträger, der mehrere Arbeitsgänge gleichzeitig durchführen konnte. Einsetzbar auch als Transportfahrzeug, hatte der Fahrer die Ladefläche immer im Blick. Zum Unglück für Lanz fiel das Gerät wegen seiner schwachen Motorisierung bei der Kundschaft durch und hinterließ trotz Nachbesserung mit einem stärkeren MWM-Motor einen spürbaren Imageschaden.
1955 fand auch bei Lanz die Ära der Glühkopfmotoren nach Erscheinen seiner ersten Schlepper-Reihe mit (wiederum einzylindrigem) Volldieselmotor ihr Ende. Diese Modelle der HE- und HN-Reihen benötigten beim Startvorgang kein Benzin mehr. Doch das Unternehmen litt zu diesem Zeitpunkt bereits zu sehr unter den drastisch eingebrochenen Verkaufszahlen, obwohl die Schlepperindustrie insgesamt sich immer noch im Aufwind befand.

Von 1923 bis 1926 brachte Lanz das Modell HP heraus. Neben dem 12-PS-Glühkopfmotor besaß dieser Schlepper Vierradantrieb, Knicklenkung und Eisenbereifung. International einprägsam war auch hier die Zusatzbezeichnung »Bulldog«. (Fotos: Robotriot, © CC-BY-SA 3.0)

In den Farben Grün-Gelb naht die Rettung

1956 erwarb der US-amerikanische Landmaschinenhersteller John Deere die Aktienmehrheit bei der Heinrich Lanz AG. Obwohl der 200.000ste Traktor in diesem Jahr aus dem Mannheimer Werk lief, war das erfolgsverwöhnte Unternehmen stark angeschlagen und ohne diesen Schritt wohl verloren gewesen. Umgekehrt war Lanz für John Deere der Türöffner auf den europäischen Markt.
John Deere übernahm das aktuelle Lanz-Programm für eine Übergangszeit. Die augenfälligste Änderung betraf die Optik der Lanz-Traktoren. Statt in gewohntem Blau-Rot standen sie bald ausschließlich in den Hausfarben des neuen amerikanischen Eigentümers zum Verkauf – in Grün-Gelb. Diese äußerliche Veränderung betraf ebenfalls die letzte Lanz-eigene Konstruktion, den 40 PS starken Volldiesel-Großbulldog D 4016, einen Universalschlepper mit völlig neuem Motor.
1959 konnte Lanz sein 100-jähriges Bestehen feiern, doch mit Beginn des neuen Jahrzehnts lief das Lanz-Traktorenprogramm endgültig aus. Stattdessen fertigte das Mannheimer Werk von jetzt an die mehrzylindrigen Maschinen von John Deere. Eine Weile noch trug das Unternehmen die Bezeichnung »John Deere Lanz AG« und stellte unter dem Doppelnamen Deere-Lanz zu Beginn der 60er Jahre noch eine Schlepper-Reihe her, doch es dauerte nicht lange, da wurde das »Lanz« endgültig fallengelassen. Ein altes Kapitel war damit beendet, ein neues, sehr erfolgreiches aufgeschlagen.

Der erste auf einem Fließband gefertigte Lanz-Bulldog war das Modell HR 2 im Jahre 1926. Seine Leistung lag bei 22 bis 28 PS. Seine vier Gänge konnten wie beim ersten Bulldog nur durch Umkehr der Motordrehrichtung auf Rückwärtsbetrieb umgestellt werden. (Foto: P. H. Louw, © CC-BY-SA 3.0)

1934 erschien das Schleppermodell D 8500 des Typs HR 7. Der Motor erzeugte 35 PS und statt der Verdampferkühlung besaß er eine Wasserumlaufkühlung. (Foto: Sammlung Gebhardt)

Der Glühkopfmotor des Lanz-Ackerschleppers D 8506 des Typs HR 7 leistete 35 PS. (Foto: Reinhard Wolf, © CC-BY-SA 3.0)

Ein Lanz-Bulldog D 8506 mit überdachtem Fahrersitz bei der Feldarbeit (Foto: © Ralf Weinreich)

Lanz-Eilbulldog der HR 7-Reihe (Foto: © Ralf Weinreich)

Der Eilbulldog von Lanz war 55 PS stark und wurde ab 1936 gebaut. Seinen Namen verdankte er dem Umstand, dass seine Straßenversion u. a. für Schnelltransporte gedacht war. (Foto: Sammlung Gebhardt)

Noch vor dem Zweiten Weltkrieg erschien dieser Lanz-Raupenbulldog, der 55 PS stark war. Der abgebildete Prospekt richtete sich an Kunden in Belgien. (Foto: Sammlung Gebhardt)

Diesen ehemaligen 55er Eilbulldog baute man bei Lanz in Mannheim zu einem 60 PS Halbdiesel um . (Foto: © Ralf Weinreich)

Ackerluft-Bulldog der HN-Reihe. (Foto: © Ralf Weinreich)

Mitte der 50er Jahre gehörte der Lanz Bulldog D 2806 zu einer neuen Reihe von Ackerschleppern, deren Glühkopfmotor gegen einen Halbdiesel ausgetauscht werden konnte.

Der Lanz Bulldog D 2816 – 1955 eingeführt – besaß endlich einen Volldieselmotor (mit einer Leistung von 28 PS) und kehrte dem veralteten Glühkopfmotor den Rücken. Auch das Design des Schleppers hatte sich deutlich modernisiert. (Foto: Joost J. Bakker, © CC-BY-SA 2.0)

Dieser Lanz D 5506, 16 PS Allzweck-Bulldog wurde in den Jahren 1950-52 gebaut (Foto: © Ralf Weinreich)

Lanz Bulldog D 2516 mit 24-PS-Volldieselmotor und der neuen, moderneren Motorhaube. (Foto: Thesupermat, © CC-BY-SA 3.0)

Mit einem wassergekühlten 16-PS-Zweizylinder-Viertaktdiesel von MWM war der Lanz Bulldog D 1666 ausgestattet. Im genauen Gegensatz zum Modell D 2816 bediente er die untere Leistungsklasse (Foto: Klaus Löhrer, © CC-BY-SA 2.0)

Eine noch geringere Leistung bot 1956 der Lanz Bulldog D 1106 »Bulli«. Lediglich 11 PS erzeugte sein Einzylinder-Zweitakt-TWN-Dieselmotor von Triumph, der luftgekühlt wurde. Er richtete sich an kleine und kleinste Landwirtschaftsbetriebe.

60 PS stark und doch ein Auslaufmodell war der hier bereits unter John Deer-Lanz firmierende und in den Farben des amerikanischen Traktorenbauers lackierte Bulldog D 6006.

Der Lanz 4016 im Hintergrund hat schon die neue John-Deere-Farbgebung, während der Lanz 2416 noch in der Lanz-typischen Farbgebung glänzt. (Foto: © Ralf Weinreich)

So sah die Zukunft aus: Der John Deer-Lanz 310 gehörte zu den Nachfolgereihen des altehrwürdigen Lanz-Bulldog. (Foto: Perfekt 401 es, © CC-BY-AS 3.0)

MAN

MAN war nicht ununterbrochen in der Traktorenfertigung engagiert. Auch konnte das Unternehmen trotz ausgereifter Spitzentechnik keine Spitzenplätze für seine Schlepper in der Zulassungsstatistik erreichen. Dafür waren die Fahrzeuge schlicht zu teuer. Bemerkenswert war jedoch die konsequente Weiterentwicklung des Allradantriebs für die hauseigenen Traktoren.

Mit einem Vierzylinder-Diesel aus einem Lkw war der erste MAN-Schlepper AS 250 ausgestattet. Ab 1938 versorgte der 50-PS-Traktor vor allem große Landwirtschaftsbetriebe im Osten Deutschlands.

Schlepper als Nebengeschäft

Die »Maschinenfabrik Augsburg-Nürnberg« wurde 1898 gegründet. Sie war aus zwei Vorgängerfirmen hervorgegangen, die sich nun zusammengelegt, ihre beiden Fabrikationsstandorte – Augsburg und Nürnberg – aber beibehalten hatten. Im Augsburger Werk war einige Jahre zuvor in Zusammenarbeit mit Rudolf Diesel der gleichnamige Motor entstanden, ein Umstand, der für die zukünftigen Geschäftsfelder des fusionierten Unternehmens sehr wichtig werden sollte. Denn ab 1915 begann dieses in Nürnberg mit dem lukrativen Bau von Lastkraftwagen.

Zu dieser Zeit stellte MAN, wie sich die Firma seit 1908 kurz und prägnant nannte, Experimente auf dem Gebiet der Landwirtschaftsmotorisierung an. Die Arbeit an diesen Motorpflügen konnte jedoch wegen der Auslastung der Werke durch den Bau von Lastwagen und Motoren erst nach Ende des Ersten Weltkriegs ernsthaft angegangen werden. Vorbereitet für die Serienfertigung ab 1921 wurde dabei ein Modell von Prof. Dr. Bernstein. Bereits dieses Gerät zeichnete sich durch eine solide und durchdachte Konstruktion aus, Eigenschaften, die genauso spätere MAN-Schlepper besaßen. Dennoch war der Motorpflug kein berauschender Verkaufserfolg und wurde 1924 – auch angesichts der zunehmenden Traktor-Konkurrenz – wieder eingestellt.

Der MAN AS 325A war wegen seines Allradantriebs nach dem Krieg ein Verkaufserfolg. Gegenüber dem Vorkriegsmodell der »Ackerschlepper«-Serie (AS) leistete er lediglich 25 PS.

Von 1950 bis 1952 produzierte MAN den Schlepper AS 330. Er besaß einen Vierzylinder-Viertakt-Reihen-Diesel mit 30 PS, fünf Vorwärtsgänge und einen Rückwärtsgang und war auch in einer Allradversion zu haben.

Große Traktoren für ostelbische Güter

Aufgrund der hohen Nachfrage nach Lastkraftwagen legte MAN eine mehrjährige Pause ein, ehe das Engagement auf dem Landwirtschaftssektor wieder aufgenommen wurde. Ende der 30er Jahre war es dann soweit. Die sich mittlerweile in Deutschland veränderten politischen Bedingungen schufen für Traktorbauer und solche, die es werden wollten, ein ansprechendes Geschäftsklima, denn die neuen Machthaber bereiteten sich auf den kommenden Krieg vor. Deshalb erstrebten sie für Deutschland eine möglichst große Autarkie gerade auch auf dem Gebiet der Landwirtschaft und förderten entsprechend den Traktorenbau.

Dieses Geschäft wollte sich MAN nicht entgehen lassen und stellte daher 1938 mit dem AS 250 einen 50-PS-starken Traktor vor, in den ein modifizierter Vierzylinder-Dieselmotor aus dem MAN-Lkw-Bereich eingesetzt wurde. Die hier zur Anwendung kommende Diesel-Direkteinspritzungstechnologie hatte MAN bereits in den 20er Jahren entwickelt und kam später ebenso kleineren, sparsamen, aber dennoch leistungsfähigen Motoren zugute.

Der AS 250 stellte eine technische Spitzenleistung dar und war besonders stark gefragt auf den großen landwirtschaftlichen Gütern im Osten des Deutschen Reichs. Ab dem Jahr 1942 konnte er kriegsbedingt nicht mehr innerhalb Deutschlands hergestellt werden. Glücklicherweise hatte sich für MAN nach der Besetzung Frankreichs eine Kooperation mit dem französischen Nutzfahrzeughersteller Latil ergeben, der nun bis zur Befreiung Frankreichs durch die Alliierten im Jahr 1944 für MAN den AS 250 in seinen Werkstätten weiterbaute.

Die Zusammenarbeit mit Latil erwies sich noch in einer weiteren Hinsicht als Glücksfall für MAN. Die französische Firma verfügte über Erfahrung im Vierradbetrieb von Zugmaschinen und Lastkraftwagen. Dieses Know-how kam MAN zugute und so verwundert es nicht, dass der Allradantrieb nach dem Krieg zu einem Markenzeichen für den deutschen Hersteller wurde.

Mittelschwere Traktoren für Westdeutschland

Der Untergang des Dritten Reichs entzog MAN zunächst die Produktionsgrundlage für die Fortführung des Traktorenbaus, denn die Werkstätten bei Latil standen nicht mehr zur Verfügung und das Nürnberger Werk war durch Bombenangriffe zu 80 Prozent zerstört; kein Wunder, schließlich waren aus dieser Fabrik beinahe die Hälfte aller Panther-Kampfpanzer gerollt.

So dauerte es bis 1949, bis MAN nach dem Neuaufbau der Fabriken seinen ersten Nachkriegstraktor auf den Markt bringen konnte. Dieser war nicht vollständig neu. Bereits 1941 war ein Prototyp des AS 325 vorgestellt worden. Dieser stellte die Grundlage des neuen mittelschweren Modells dar.

MAN hatte sich auf die veränderte Nachkriegssituation eingestellt. Durch den Wegbruch der großen landwirtschaftlichen Güter im Osten Deutschlands musste sich der Konzern auf die wesentlich kleineren Betriebe in Westdeutschland konzentrieren. Und diese benötigten zu dieser Zeit keine Großschlepper bzw. konnten sich diese noch nicht leisten. Der AS 325 war deshalb nur ungefähr halb so leistungsstark wie sein Vorgänger, der AS 250. Dafür gab es

Ein MAN-Ackerschlepper bei der Feldarbeit. (Foto: Sven Storbeck, © GFDL)

den neuen Schlepper aber – erstmals in Deutschland – zusätzlich als Allrad-Variante, die sich aufgrund der erhöhten Zug- und Steigungsfähigkeit besonders für schwieriges Gelände empfahl.
Diese Innovation kam bei den Endnutzern gut an, der AS 325 – das erste Modell der neuen »Ackerdiesel«-Reihe – erwies sich besonders in seiner Allradvariante als Verkaufserfolg und MAN verbreiterte sein Angebot durch weitere Modelle. Zudem arbeitete das Unternehmen stetig an der Verbesserung seines Allradantriebs.
Mit dem ersten Diesel-Turboladermotor stellte MAN 1951 eine weitere wichtige Neuerung vor, deren Wert für Traktoren allerdings kurioserweise von anderen Firmen erkannt und genutzt wurde; MAN baute diesen Antrieb in keinen eigenen Schlepper ein.
Mitte der 50er Jahre verlegte das Unternehmen seine Schlepperherstellung nach München-Allach. Bei der Ausweitung der eigenen Modellpalette brachte MAN schließlich viele stärkere Traktoren auf den Markt, die hauptsächlich in den Export gingen.
Der bestverkaufteste MAN-Schlepper war jedoch der kleine 2F1 mit 13 PS, der noch viel erfolgreicher hätte sein können, wäre er früher auf den Markt gebracht worden. Der Nutzfahrzeughersteller hatte dieses Segment allerdings sträflich vernachlässigt und gegen Ende des Jahrzehnts war es zu spät dafür. Die Verkäufe am Traktorenmarkt brachen ein.

Zusammenarbeit mit Porsche-Diesel

MAN musste sein unübersichtlich gewordenes Traktorenprogramm nicht nur verändern, sondern zusätzlich deutlich straffen. Dem Trend der Zeit entsprechend erschienen neue, leistungsstarke Traktoren mit veränderter Optik. Der stärkste war der 4S2 mit 50 PS Leistung und einem wassergekühlten, direkteinspritzenden Vierzylinder-Viertaktmotor.
Die teuren MAN-Traktoren verkauften sich dennoch nicht besser, ungeachtet ihrer technischen Spitzenstellung, deshalb versprach sich der Konzern zu Beginn der 60er Jahre Hilfe in der Zusammenarbeit mit der Mannesmann AG, zu welcher der Schlepperbauer Porsche-Diesel gehörte.
Ziel beider Traktorenhersteller war es, Einspareffekte zu erzielen durch die beiderseitige Abstimmung der Typenprogramme, den gemeinsamen Bezug von ZF-Getrieben sowie der Koordinierung beider Firmen auf den Gebieten Verkauf, Vertrieb und Ersatzteilversorgung.
Der vielversprechende Ansatz führte dennoch nicht zu einem Happy End. Weil sich beide Unternehmen in weiteren Verhandlungen nicht auf eine gemeinsame Linie einigen konnten, gab MAN 1963 den Traktorbau auf. Die Verkaufszahlen hatten sich trotz der technischen Ausgereiftheit und vieler innovativer Entwicklungen immer in Grenzen gehalten, in vierzig Jahren waren lediglich 40.000 MAN-Schlepper erschienen.
Die Filialen von MAN sowie die Ersatzteilversorgung der MAN-Traktoren übernahm daraufhin die Renault Traktoren GmbH.

In rahmeloser Blockbauweise gehalten, verließ der Ackerschlepper AS 430A ab 1952 die Werkshallen von MAN. Sein Dieselmotor stellte 30 PS zur Verfügung.

Werbeprospekt mit dem MAN A 32 A als Motiv. (Foto: Sammlung Gebhardt)

Nur ein Jahr lang – von 1956 bis 1957 – baute MAN den 50 PS starken 4S1. Er besaß neben einem Rückwärtsgang sieben Vorwärtsgänge.

Allradantrieb, 40 PS Motorleistung, rahmenlose Blockbauweise sowie fünf Vorwärtsgänge und ein Rückwärtsgang waren die Merkmale des von 1957 bis 1960 hergestellten MAN-Ackerschleppers 4R2. Auf Wunsch war er zusätzlich mit einer Kriechganggruppe erhältlich.

In den Ackerschlepper B 18A verbaute MAN einen Zweizylinder-Viertakt-Reihendiesel mit Direkteinspritzung. Dieser erzeugte eine Leistung von 18 PS.

50 PS stark war der MAN 4S2, der von 1957 bis 1960 produziert wurde. Ein Allwetterverdeck oder eine Seilwinde waren auf Wunsch Bestandteil des Schleppers ab Werk.

Der von 1958 bis 1961 gebaute Ackerschlepper 2F1 geriet für MAN zum Verkaufsschlager; kein anderer MAN-Traktor wurde öfter verkauft. Und dies trotz seiner gerade einmal 13 PS Leistung – zum Zeitpunkt seines Erscheinens nicht unbedingt mehr eine Verkaufsgarantie!

Mit 25 PS bediente der MAN-Schlepper 2L4 die untere Leistungsklasse, die in den Jahren seiner Fertigung – 1960 bis 1961 – nicht mehr so gefragt war.

Ebenfalls von 1961 bis 1963, dem Traktorproduktionsende bei MAN, wurde der Schlepper 4R3 hergestellt. Allradantrieb – auf Wunsch auch Hinterradantrieb –, wassergekühlter 45-PS-Diesel und Motor- oder Getriebezapfwelle waren Ausstattungsmerkmale dieses Fahrzeugs.

MB-TRAC

Auf vielen Einsatzgebieten hatte sich der innovative Unimog durchgesetzt, nur im Bereich der Landwirtschaft schwächelte sein Absatz. Doch damit wollte Daimler-Benz sich nicht abfinden. Deshalb entstand zu Beginn der 70er Jahre mit dem MB-trac auf der Basis des Unimog ein Schlepper, der sich stark von den Mitbewerbern unterschied und Daimlers dritten Versuch bedeutete, sich auf dem Traktormarkt zu etablieren.

Der MB-trac 65/70 war zu Beginn der 70er Jahre der erste in Serie gebaute Allradschlepper der neuen MB-trac-Reihe von Mercedes-Benz. Von Anfang an nachteilig war der hohe Anschaffungspreis. (Foto: © Daimler AG)

Eine überlegene Mixtur aus Unimog und Traktor

Daimler-Benz arbeitete gegen Ende der 60er Jahre an einem Schlepper, der soviel wie möglich von der Technik des Unimog nutzen, aber speziell auf die Landwirtschaft zugeschnittenen sein sollte. Mit diesem Gefährt wollte der Stuttgarter Konzern endlich den Durchbruch in einem Marktsegment schaffen, um das er bisher trotz fortschrittlicher Technik mit wenig Erfolg gebuhlt hatte. Das Verwenden des Unimog und seiner Komponenten als Basis des neuen Traktors diente nicht nur der Sicherstellung seiner technischen Überlegenheit über die Mitbewerber, sondern zudem der Reduktion der Herstellungskosten.

1967 erschien ein erster Prototyp mit der Bezeichnung A 60. Firmeninterne Differenzen beendeten vorläufig seine Weiterentwicklung, bis die Ankündigung eines ähnlichen Konzeptes von Klöckner-Humboldt-Deutz (KHD) zur Wiederaufnahme der Arbeiten am zukünftigen MB-trac führte.

1972 stellte Daimler das erste Modell vor, den MB-trac 65/70. Obwohl sein äußeres Erscheinungsbild im Gegensatz zum Unimog einem typischen Traktor glich, unterschied er sich von einem solchen in vielerlei Hinsicht. Vom Unimog geerbt hatte der MB-trac die Rahmenbauweise, die vier gleich großen Räder samt Allradantrieb und anfänglich auch die Portalachsen. Seine Hinterachse war starr ausgeführt, die Vorderachse hingegen gefedert. Anders als

Der wassergekühlte Vierzylinder-Direkteinspritz-Diesel des MB-trac 65/70 leistete 65 PS. Die Fahrerkabine saß in der Mitte des Fahrzeugs und erlaubte eine gute Rundumsicht. (Foto: Sammlung Gebhardt)

beim Unimog oder bei Konkurrenzschleppern lag die Fahrerkabine zwischen den Achsen, wodurch bei voller Zugkraft das Gewicht des MB-trac gleichmäßig verteilt wurde. Neben den Möglichkeiten zum Anbau von Zusatzgeräten vorne und hinten am Schlepper stand ein dritter Anbauraum hinter der Fahrerkabine zur Verfügung.
Das Fahrerhaus selber war modern und übersichtlich gestaltet. Der Fahrer hatte eine gute Rundumsicht und fand die Bedienelemente vorteilhaft angeordnet. Eine weitere Erleichterung stellte die Servolenkung des MB-trac dar.
Diese technische Überlegenheit garantierte dem neuen Traktor von Daimler ein Höchstmaß an Interesse und tatsächlich gingen die Abnahmezahlen in den folgenden Jahren steil nach oben. 1975 ersetzten die MB-trac 700 und 800 ihre Vorgängermodelle. Mit 65 und 72 PS bildeten sie die leichte Reihe des vielseitig verwendbaren Schleppers. Planetenachsen hatten die Portalachsen abgelöst. Im darauffolgenden Jahr wurden sie von der schweren Reihe mit den Modellen MB-trac 1000 und 1100 (95 und 110 PS) nach oben hin ergänzt.
Doch nicht nur im Landwirtschaftsgewerbe fanden die MB-trac ihre Abnehmer. Ähnlich wie beim Unimog interessierten sich schon bald auch Kommunen, Bauunternehmen, die Forstwirtschaft und die Industrie für die Universalfahrzeuge aus Gaggenau.

Der erfolgreiche MB-trac wird Opfer der Landwirtschaftskrise

Daimlers drittem Einstieg in den Schlepperbau schien der Erfolg nicht verwehrt zu bleiben. Zu Beginn der 80er Jahre überarbeitete und modernisierte der Konzern den MB-trac. Mit den Modellen 1300 und 1500 folgten im oberen Leistungssegment Kraftpakete von 125 und 150 PS. Die Fahrerkabine war nun schallisoliert, die Bedienungsfreundlichkeit des Schleppers weiter optimiert.
Doch das neue Jahrzehnt meinte es im Allgemeinen nicht gut mit der Landwirtschaftsbranche. Viele Firmen wurden zum Aufgeben, zu Fusionen mit stärkeren Partnern oder zum Wechsel der Branche gezwungen. Die Verkaufszahlen brachen letztlich auch beim MB-trac ein. Hilfe versprach sich Daimler von der Kooperation mit Mitbewerber KHD, der ein ähnliches Traktorkonzept mit seinen Intrac-Modellen verfolgte. Ende der 80er Jahre legte Daimler eine letzte Baureihe des MB-trac auf, die alle Anforderungen der Praxis abdeckte und in dem Spitzenmodell »1800 Intercooler« mit 180 PS Motorleistung gipfelte.
Zu Beginn der 90er Jahre sollte dann eigentlich eine gemeinsame Nachfolgereihe mit KHD entwickelt und vertrieben werden. Weil aber zur selben Zeit beim Unimog eine vollkommen neue Reihe erschien, deren Komponenten nun nicht mehr für den MB-trac kostensenkend mitverwendet werden konnten, und die Aussichten eines Markterfolges insgesamt nicht rosig erschienen, wurden diese Pläne nicht in die Realität umgesetzt. Stattdessen beendete Daimler Ende 1991 die Fertigung des MB-trac.
Die Karriere des Systemtraktors war damit noch nicht zu Ende. Die Firma »Werner GmbH« aus Trier, die auch Wechselaufbauten für den Unimog herstellt, übernahm den MB-trac und entwickelte ihn weiter zum »WF-trac«, dessen Arbeitsfeld seither in der Forstwirtschaft liegt. Seine variablen Fahrzeugkomponenten können vom Kunden je nach Einsatzzweck individuell zusammengestellt werden.

Blick in die Fahrerkabine des MB-trac 65/70. (Foto: © Daimler AG)

Der MB-trac 700 war eines von zwei Ersatzmodellen des Modells 65/70 und kam 1975 auf den Markt. Seine Motorleistung lag bei 65 PS. (Foto: Flickr, © CC-BY-SA 2.0)

Im Vordergrund zu sehen: der MB-trac 800, das zweite Nachfolgemodell vom Typ 65/70, der über eine Leistung von 72 PS verfügte und Mitte der 70er Jahre vorgestellt wurde. Gleich dahinter steht ein MB-trac 1000. (Foto: Flickr, © CC-BY-SA 2.0)

Ein MB-trac 800 im Praxiseinsatz jenseits der Landwirtschaft: dieses Fahrzeug dient als Plattenverdichter. (Foto: Markus Hagenlocher, © CC-BY-SA 3.0)

In einem kleinen Nordseehafen macht sich dieser MB-trac als »Mädchen für alles« nützlich. (Foto: © Ralf Weinreich)

Der wassergekühlte Sechszylinder-Diesel mit Direkteinspritzung des MB-trac 1000 war 95 PS stark. (Foto: © Daimler AG)

Nur als Prototyp auf diesem Plakat gab es den hellgrünen MB-trac 95/105. (Foto: Sammlung Gebhardt)

Beim MB-trac 1100 wurde die Leistung auf 110 PS erhöht gegenüber dem Modell 1000. Beide bildeten in den 70er Jahren die obere Leistungsklasse dieser Fahrzeugserie. (Foto: © Ralf Weinreich)

In den 80er Jahren erhöhte sich mit dem MB-trac 1300 die Leistung dieser Fahrzeug-Reihe auf 125 PS. Die Fahrerkabine des Modells 1300 war schallisoliert. (Foto: Flickr, © CC-BY-SA 2.0)

Ein MB-trac 1500 bei Forstarbeiten im Wald. Auch jenseits des Landwirtschaftssektors gab es genügend Einsatzmöglichkeiten für die leistungsstarken Maschinen der MB-trac-Reihe.

156 PS leistete der wassergekühlte Motor des MB-trac 1600 turbo. Dieses Fahrzeug produzierte Mercedes-Benz von 1987 bis 1991, dem letzten Jahr der Herstellung des MB-trac.

Unterschiedliche MB-trac-Modelle in Grün-Gelb auf einem Bild vereint. (Foto: © Daimler AG)

Der Nachfolger des MB-trac: Ein WF trac der Firma »Werner GmbH« bei Arbeiten im Wald. (Foto: © Werner GmbH)

MIAG

Aus der Fusion mehrerer bedeutender deutscher Müllereimaschinenhersteller hervorgegangen, erweiterte die MIAG ihre Produktpalette in den 30er Jahren über ihr angestammtes Gebiet hinaus um den Bau von Fahrzeugen unterschiedlicher Art – darunter auch Traktoren.

Mit dem Schlepper LD 20 begann MIAG in den 30er Jahren die Herstellung von Traktoren. Das Fahrzeug besaß einen Zweizylinder-Diesel von MWM, der 20 PS zur Verfügung stellte. (Foto: © Ralf Weinreich)

Deutscher Mühlenbauer wird zum Fahrzeug- und Traktorenhersteller

Zu Beginn der 20er Jahre entstand durch die Übernahme der Mehrheitsanteile an vier bislang eigenständigen deutschen Mühlenbauern durch Dr. Hugo Greffenius aus Frankfurt/Main zunächst eine Interessengemeinschaft, in der sich die Partner gegenseitig ihre jeweiligen Patente zur Nutzung bereitstellten. 1925 verschmolzen die beteiligten Firmen zur »Mühlenbau- und Industrie AG«, kurz MIAG. Dieser neue Konzern, deren Hauptsitz zunächst in Frankfurt/Main saß, dann aber 1930 nach Braunschweig verlegt wurde, entwickelte sich schon bald zum bedeutendsten Hersteller von Müllereimaschinen weltweit.

Als Mitte der 30er Jahre die Firma Hanomag eine Aktienmehrheit an MIAG erwarb und in der Folge große Staatsaufträge an das Unternehmen herangetragen wurden, erweiterten die Mühlenbauer ihr Produktangebot um Elektrofahrzeuge, Gabelstapler, Kranfahrzeuge und – die Aufschwungphase der Zeit auf diesem Geschäftsfeld nutzend – Traktoren.

1936 stellte MIAG den Schlepper-Prototyp »Vulkan« vor, den ein 10-PS-MWM-Dieselmotor antrieb. Doch erst das Nachfolgemodell LD 20 ging im kommenden Jahr dann wirklich in Serie. Dessen Zweizylinder-MWM-Diesel hatte sich in der Leistung verdoppelt, denn der Ackerschlepper LD 20 war als Universalfahrzeug für sämtliche in der Landwirtschaft anfallenden Aufgaben konzipiert und musste deshalb mit erhöhter Leistungskraft ausgestattet sein.

Als Besonderheit verfügte der LD 20 über die Fähigkeit, als stationäre Antriebsmaschine für Säge- und Dreschmaschinen, Was-

Das Fahrzeug auf diesem Prospekt von MIAG aus dem Jahr 1938 besitzt eine Fahrerkabine. MIAG bot seine Schlepper auch damals bereits für die Straße als Transportfahrzeuge an. (Foto: Sammlung Gebhardt)

serpumpen u. ä. zu dienen. Ungewöhnlich für die Zeit war der relativ bequeme Fahrersitz, denn er war federnd ausgeführt. An den Komfort des Fahrers dachten Traktorhersteller im Allgemeinen erst Jahre später.

Zeitgleich mit dem Traktor brachte das Unternehmen die lediglich 10 PS starke Straßenzugmaschine D 10 heraus.

MIAG während des Zweiten Weltkriegs

Der Traktor von MIAG fand Einlass in den Schell-Typenbegrenzungsplan und konnte so bis in die ersten Kriegsjahre hinein weiter produziert werden. Die Straßenzugmaschine erfuhr 1941 eine Aufwertung durch Einbau eines 25 PS starken Ford-Lkw-Motors. Zu diesem Zeitpunkt waren aber schon beide, Acker- wie Straßenschlepper, auf Holzgasbetrieb umgerüstet worden.

MIAG stellte zudem während des Zweiten Weltkrieges Sturmgeschütze und leichte Jagdpanzer her, im Braunschweiger Werk sogar Teile für das Kampfflugzeug Messerschmitt Bf 110, was prompt zur Bombardierung der jeweiligen Fabrikanlagen führte. Im Dresdner Werk wurden zur Panzerherstellung auch Zwangsarbeiter aus Konzentrationslagern herangezogen.

Unrentable Schlepperfertigung der Nachkriegsjahre

1945 waren Fabrikhallen in Braunschweig und Frankfurt zerstört. Was noch ganz war, wurde meist demontiert. Das Firmengelände in Ober-Ramstadt bei Darmstadt – in das hiesige ehemalige Röhr-Werk war die Fahrzeugfertigung vor dem Krieg verlegt worden – fand sich von US-Truppen besetzt. Die Dresdner Werkstätte wurde 1949 verstaatlicht. Lediglich das Braunschweiger Ammer-Werk konnte bald wieder mit der Produktion der Vorkriegsmaschinen beginnen.

In kleinen Stückzahlen entstanden ab 1948/49 auch wieder neue Traktorenmodelle sowie Straßenzugmaschinen. Die Ackerschlepper bekamen die Bezeichnungen AD 17, AD 22 und AD 33 und besaßen MWM-Dieselmotoren, deren Leistungen den jeweiligen Ziffernkennzeichnungen entsprachen. Ihre Spurweite war verstellbar. Selbst ein Raupenschlepper wurde versuchsweise gebaut, ging aber nie in Serie. Doch an den Traktoren hatte MIAG keine rechte Freude mehr. Denn aufgrund der kleinen Produktionszahlen konnte kein konkurrenzfähiger Verkaufspreis angeboten werden und die Verkäufe blieben unter dem Notwendigen zurück. 1952 entschloss sich MIAG deshalb zur Einstellung des Schlepperbaus. Der Konzern konzentrierte sich auf seine gut laufenden Gabelstapler, Mobilkräne, Transportwagen und andere Produkte.

1972 übernahm die Schweizer Firma Bühler die ehemaligen Mühlenbauer, es entstand ein Jahr darauf die »Bühler-MIAG GmbH«. Im Jahr 1983 wurde die Fahrzeugherstellung in eine eigene Firma namens »MIAG Fahrzeugbau GmbH« ausgelagert, die bis heute Flurförderfahrzeuge herstellt. Das Stammhaus dagegen strich Ende der 80er Jahre die Bezeichnung »MIAG« aus seinem Namen.

Den AD 22 brachte MIAG nach dem Zweiten Weltkrieg auf den Markt. Auch dieser Typ besaß einen Motor von MWM und erzeugte – gemäß der Fahrzeugbezeichnung – 22 PS. Zur weiteren Ausstattung gehörte vorne eine Doppellenkerachse. (Foto: Sammlung Gebhardt)

NORMAG

Lange bevor in der Ullrich-Straße im thüringischen Nordhausen Traktoren die Werkshallen verließen, existierte hier bereits eine Fabrik, in der Aufzüge und Eismaschinen hergestellt wurden. Der Kupfer- und Messingschmied Oscar Kropff hatte diese 1841 gegründet.

Der erste Traktor, den Normag selbst entwickelt hatte und ab 1936 zum Verkauf anbot, war das Modell NG 22. (Foto: Sammlung Gebhardt)

Traktorenbau zur Werksauslastung

44 Jahre später befand sich die Fabrikanlage im Besitz der Berliner Kaufleute Schmidt und Kranz (»Schmidt, Kranz & Co.«) und fungierte als Zulieferbetrieb für den mitteldeutschen Kalibergbau.

1931 beschäftigte sich die Nordhäuser Maschinenfabrik, deren Produktpalette im Laufe der Zeit erweitert worden war, erstmals mit dem Bau von Maschinen für die Landwirtschaft. Im Auftrag wurde eine Reihe von motorpflugähnlichen »Rohöl-Ackerschleppern« mit Glühkopfmotoren hergestellt, die sich jedoch nicht wunschgemäß verkauften.

Weil aber die Werksanlagen ausgelastet werden sollten und man von der beginnenden Motorisierung in der Landwirtschaft profitieren wollte, gaben die Thüringer nicht auf. Mehrere Jahre lang arbeitete die »Nordhäuser Maschinenbau GmbH, Schmidt, Kranz & Co.«, wie sie seit 1936 hieß, am zweiten Einstiegsversuch in den Traktormarkt. Unter der mittlerweile offiziellen Firmenabkürzung »Normag« erschien 1938 dann tatsächlich ein 22 PS starker Universalschlepper mit einem Zweizylinder-Viertakt-Dieselmotor von MWM und der Bezeichnung NG 22, der sich gut verkaufte und überregionale Verbreitung fand. 1940 ergänzte der NG 10 mit einem Dieselmotor von Deutz erfolgreich das Schlepperangebot der Nordhäuser.

Normag wurde in den Schell-Plan aufgenommen und durfte deshalb seine Schlepper bis 1942 weiterbauen. Aus diesem Grund entstand in Zorge im Harz ein Zweigwerk. Ab 1942 musste auf Holzgasbetrieb umgestellt werden. Zu diesem Anlass brachte das Unternehmen im selben Jahr den NG 25 heraus, der nicht nur von den Landwirten

Ein Zweizylinder-Viertaktdiesel von MWM bescherte dem NG 22 eine Leistung von 22 PS. Normag fertigte ihn bis zu seiner Ablösung im Jahr 1942 durch einen Holzgasschlepper. (Foto: © Ralf Weinreich)

genutzt wurde, sondern zudem der Wehrmacht als Zugmaschine diente. Der NG 25 hatte ein viergängiges Prometheus-Getriebe und fuhr fast 20 km/h schnell. Die Holzfüllung, die zur Erzeugung des Gases benötigt wurde, welches den Traktor antrieb, reichte immerhin für drei bis vier Stunden.
Normag wurde in diesen Jahren als Rüstungsbetrieb verpflichtet und fertigte in dieser Funktion u. a. Geschützteile, Lafetten und Gefechtswagen.

Der ost-west-geteilte Schlepperbauer

Obwohl Nordhausen durch Bombenangriffe schwer zerstört wurde, überstanden die Fabrikanlagen von Normag den Krieg weitgehend unbeschädigt. Doch die politischen Folgen des Krieges wirkten sich auf die Thüringer Maschinenfabrik in den kommenden Jahren in besonderer Weise aus. Denn Nordhausen lag in der frisch entstandenen sowjetischen Besatzungszone.
Die Familie Glinz, in deren Besitz sich Normag schon seit den 20er Jahren befand, war 1945 zusammen mit dem Betriebsleiter August Schefen – zeitgleich mit dem Abzug der Amerikaner aus Thüringen – in das Zweigwerke in Zorge geflüchtet, das zur westlichen (britischen) Besatzungszone zählte. Trotzdem kam es zu einer anfänglichen, fruchtbaren Zusammenarbeit zwischen Normag-Ost und Normag-West in Zorge. Diese fand allerdings 1946 ein jähes Ende, als das Normag-Stammwerk in die SAG (Sowjetische Aktiengesellschaft) gezwungen wurde.
1948 ging das thüringische Schlepper-Werk in den Besitz der VVB (Vereinigung Volkseigener Betrieb) ABUS (Allgem. Bagger- und Schwermaschinenbau) in Halle über.
Unter dem neuen Namen »VVB IFA Schlepperwerk Nordhausen« setzte der Betrieb in den ehemaligen MBA-Anlagen (ex-Orenstein & Koppel) die Herstellung von Traktoren mit Hilfe von Konstruktionsunterlagen aus dem Normag-Stammwerk in der DDR fort. Den Anfang machte der Schlepper NG 25 D, der allerdings weniger auf dem Holzgasschlepper NG 25 beruhte – auch dieser wurde in geringen Stückzahlen noch einmal aufgelegt –, als vielmehr auf dem im vorletzten Kriegsjahr entstandenen Diesel-Prototyp NG 23.

Normag-Zorge im Westen

Im niedersächsischen Zorge begannen Glinz und Schefen ab 1946 ebenfalls mit der Schlepperproduktion. Wie ihre Nordhäuser Kollegen nahmen sie sich zuerst den NG 23 vor, den sie in Blockbauweise und mit Zweizylinder-Dieselmotor zur Serienreife brachten. Um sich vom ehemaligen Stammwerk im Osten abzugrenzen, nannte sich der Westableger nun »Normag-Zorge«.
Um wirklich in die Serienfertigung einsteigen zu können, benötigte Normag-Zorge ein weiteres Werk. Fündig wurden Glinz und Schefen in Hattingen im südlichen Ruhrgebiet. Hier entwickelten sie den NG 23 zum NG 23 K weiter, der einige fortschrittliche Besonderheiten aufwies. Er war das erste Schleppermodell von Normag-Zorge mit neuer, abgerundeter Motorhaube. Wichtiger aber war eine technische Innovation, nämlich seine Drucklufttheberanlage, mit der sich der Reifendruck regulieren ließ – und mit ihm die Zugkraft des Schleppers. Dieses Modell erwies sich als großer Erfolg für die Firma. Doch bis 1948 gingen fast alle Maschinen ins Ausland. Erst mit der Währungsreform bot sich auch innerhalb Deutschlands ein verlässliches Absatzgebiet.
In der ersten Hälfte der 50er Jahre baute Normag-Zorge mit den Faktor- und Kornett-Baureihen zwei vollständige Schlepperserien, die die Leistungsbereiche zwischen 10 und 45 PS abdeckten. Vor allem die Kornett-Reihe wurde ein großer Verkaufserfolg. Die Motoren für diese Traktoren stellte das Hattinger Werk mittlerweile in eigener Regie her. Neben wassergekühlten Aggregaten hatte die Firma noch solche mit Luftkühlung im Angebot.

Das Ende für die Normag-Schlepper

Nach den großen Boomjahren in der ersten Hälfte der 50er Jahre begann sich die ganze Traktorbranche auf eine große Absatzkrise hin zu bewegen. Während die einen Schlepperhersteller erst später die volle Wucht dieser Veränderung des Marktes zu spüren bekamen, litt Normag-Zorge bereits früher an den kontinuierlich nachlassenden Verkaufszahlen.

Das Unternehmen »O & K« (Orenstein & Koppel), bis 1954 noch selber als Traktorbauer tätig, übernahm die Werke von Normag-Zorge und ermöglichte dadurch, in diesen im Jahr 1956 noch einmal ein vollständiges Schlepperprogramm aus teils neuen, teils bloß überarbeiteten Modellen auf die Beine zu stellen. Ein weiteres Mal wurde das Äußere der Traktoren verändert. Zusätzlich plante die »Maschinenbaugesellschaft Normag GmbH«, wie die Werke nun zusammenfassend hießen, die Herstellung von Leichtbauschleppern. Doch den weiteren Rückgang der Verkäufe konnten all diese Maßnahmen nicht mehr aufhalten.

1958 stellte O & K die Traktorfertigung in den Normag-Werken in Hattingen und Zorge ein – sieben Jahre früher als die Nordhäuser Kollegen im Osten. Die Ersatzteilversorgung sowie das Händlernetz übernahm die »Porsche-Diesel Motorenbau GmbH«, und, als diese Firma ebenfalls von der Krise getroffen wurde, ab 1962 Renault.

Die Normag-Werke im Westen verwendete O & K bis Mitte der 90er Jahre zum Bau von Rolltreppen und Getrieben weiter. Mit der Wende 1990 fiel das Nordhäuser Stammwerk wieder an die alte Mutterfirma »Schmidt, Kranz & Co«. 1996 ging der Hattinger Werksteil mit der Rolltreppenfertigung an ein finnisches Unternehmen und wurde von diesem 2005 aufgegeben.

Ab 1942 wurde der NG 22 zum Holzgasschlepper NG 25 umgerüstet. Auch nach dem Krieg stellte Normag das Fahrzeug noch eine Weile her. (Foto: Sammlung Gebhardt, Ralf Weinreich)

Unter dem neuen Logo »NZ« erschienen nach dem Zweiten Weltkrieg die neuen Schlepper von Normag-West. (Foto: Sammlung Gebhardt)

Das Modell »Faktor I« aus dem Jahr 1950 besaß einen Einzylinder-Viertakt-Vorkammerdiesel mit 15 PS. (Foto: Sammlung Gebhardt)

Den 33 PS starken NG 35 zeigt dieses Plakat aus dem Jahr 1950. (Foto: Sammlung Gebhardt)

Mit 10 PS bediente der Normag C10, der ab 1952 gebaut wurde, die untere Leistungsklasse der Schlepper. Das ungewöhnliche Aussehen in den Abbildungen ist der fehlenden Motorhaube geschuldet. (Fotos: Norbert Schnitzler, © CC-BY-SA 3.0)

Die oberen Leistungsklassen bedienten die 33- bis 45-PS-Normagschlepper der NG-Reihe. (Foto: Sammlung Gebhardt)

Von 1953 bis 1955 fertigte Normag das Schleppermodell Kornett 1 an. Angetrieben wurde es von einem luftgekühlten Einzylinder-Zweitaktdieselmotor mit 12/14 PS Leistung. (Bild: Sammlung Gebhardt)

In der zweiten Hälfte der 50er Jahre erschien bei Normag das Modell K18a aus der erfolgreichen Kornett-Baureihe. (Foto: Christopher Hormel, © CC-BY-SA 3.0)

Der Einzylinder-Zweitakt-Diesel mit Direkteinspritzung versorgte den Normag K18a mit 18 PS. Der Schlepper besaß fünf Vorwärtsgänge und einen Rückwärtsgang.

Normag-Zorge hatte in der ersten Hälfte der 50er Jahre vom Aufschwung in der Traktorbranche profitieren können. Doch auch die Übernahme durch O & K konnte den Niedergang in der zweiten Hälfte des Jahrzehnts nicht aufhalten. (Foto: High Contrast, © CC-BY-SA 3.0)

ORENSTEIN & KOPPEL

Die Firma Orenstein & Koppel (O & K) weckt vermutlich mehr Assoziationen mit Lokomotiven, Rolltreppen, Frachtschiffen und Baumaschinen als mit landwirtschaftlichen Fahrzeugen. Sie war längst zum Weltunternehmen geworden, als sie ihrer ohnehin nicht gerade kleinen Produktpalette mit der Herstellung von Traktoren eine weitere Sparte dazugesellte.

Lokomotiven, Bagger und Baumaschinen

Benno Orenstein und Arthur Koppel hatten ihre offene Handelsgesellschaft 1876 in Berlin Schlachtensee ursprünglich nur gegründet, um mit einfachen und preiswerten Feldbahngeräten Handel treiben zu können. Aus dem Handel mit Bahnmaterial wurde schließlich die Produktion desselben. Trotz Zwistigkeiten und anschließender Trennung der beiden Partner entwickelte Orenstein seine Firma 1897 zur »AG für Feld- und Kleinbahn-Bedarf« weiter und expandierte nicht nur im Inland, sondern nach Ablauf der mit Koppel vereinbarten Sperrfrist in den 1890er Jahren auch ins Ausland. Koppel hatte unterdessen mit seiner Firma bereits erfolgreich auf dem selben Produktfeld in den außerdeutschen Märkten Fuß gefasst.

Nach dem Tod von Arthur Koppel fusionierten beide Firmen 1909 und wurden zu einer bedeutenden Größe im Bau von Lokomotiven, Waggons und Eisenbahnanlagen. Mit der Mehrheitsbeteiligung an einer Lübecker Baggerfabrik 1911 (Einstieg ins Baumaschinengeschäft) und der Übernahme der Montana AG in Nordhausen im folgenden Jahr (zum Lokomotiv- und Waggonbau) gewann der Betrieb weiter an Kontur und zählte jetzt zu den größten Unternehmen in Deutschland.

Die schwere Krise nach dem Ersten Weltkrieg, als sämtliche Lokomotiven beschlagnahmt wurden und die Exportmärkte wegen Enteignung der Auslandswerke wegfielen, überstand die Firma, die sich seit 1920 als »Orenstein & Koppel AG« bezeichnete.

Im Laufe der folgenden Jahre und Jahrzehnte vergrößerte sich das Unternehmen durch Übernahmen oder Werksneugründungen und erweiterte dabei sein Produktangebot um zahlreiche Sparten, darunter Motoren, Lastwagen, Frachtschiffe, Kräne, Baumaschinen – und Schlepper.

1937 brachte Orenstein & Koppel im Nordhäuser Zweigwerk seinen ersten Traktor auf den Markt. Nach Ausbruch des Zweiten Weltkrieges wurde das O & K-Logo durch den neuen Namen »MBA« ersetzt.
(Foto: Sammlung Gebhardt)

Nordhäuser Traktoren und Zwangs-»Arisierung«

Bereits um 1920 hatte Orenstein & Koppel mit Konstruktionen eines Tragpflugs experimentiert. Doch erst in den 30er Jahren, als die Motorisierung der Landwirtschaft eine besondere Förderung durch die neuen Machthaber erfuhr, versuchte sich die Firma ernsthaft an der Konstruktion eines Dieselschleppers und am Einstieg in diesen viel versprechenden Markt. Dabei hatte Orenstein & Koppel den Ehrgeiz, sämtliche Bauteile selber zu entwickeln und herzustellen. Produziert wurden die Schlepper in dem Nordhäuser Montania-Werk, das aber zu diesem Zeitpunkt immer noch hauptsächlich mit der Herstellung von Lokomotiven beschäftigt war und diesen Produktionsbereich erst im Jahr 1942 aufgab.

1937 erschien das erste Schleppermodell mit dem Emblem »O & K« auf der Motorhaube – der SA 751. Dieser Universalschlepper mit seinem 28/30 PS starken, wassergekühlten Zweizylinder-Dieselmotor, der aus den eigenen Loks stammte, wurde der wichtigste Vorkriegstraktor der Firma. Seine Bauform war kantig und robust, die Blechstärke ungewöhnlich dick. Ein mit 15 PS schwächerer,

kleinerer Schlepper und der Bezeichnung SB 751 erweiterte 1938 das Angebot. Dieser besaß einen liegend eingebauten Einzylinder-Viertaktdieselmotor mit Thermosiphonkühlung, der unter einer halbrund geformten Motorhaube verborgen war, sehr ähnlich derjenigen der Nachkriegsschlepper aus eigenem Haus.
Nach Beginn des Zweiten Weltkriegs enteigneten die Nationalsozialisten das Unternehmen und ordneten eine Umbenennung an in »Maschinenbau und Bahnbedarf AG« (MBA). Der Grund dafür lag in der jüdischen Abstammung der beiden Unternehmensgründer, von denen seit 1926 auch der zweite – Benno Orenstein – nicht mehr am Leben war; sein Sohn hatte seither das Unternehmen geleitet. Nun kam es unter treuhänderische Verwaltung.
Das allgemeine Bauverbot von Dieselschleppern ab 1942 betraf zunächst nur den kleineren SB 751. Am leistungsstärkeren Modell zeigte die Wehrmacht größeres Interesse, weshalb seine Fertigung noch ein Jahr länger lief. Danach musste MBA ebenfalls auf Schlepper mit Holzvergaser umsatteln. Eine Anzahl des Nachfolgetyps MBA 35 konnte noch produziert werden, dann wurden die Werksanlagen der Firma zur Rüstungsproduktion genutzt.

Mit neuen Rundhauben-Schleppern in die Nachkriegszeit

Kriegszerstörungen und Demontagen hatten vor allem bei den MBA-Werksanlagen in Ostdeutschland einen großen Aderlass zur Folge. Betroffen davon war auch das Werk in Nordhausen, das noch bis in den Krieg hinein zur Schlepperfertigung verwendet worden war. Ein weiterer schwerer Schlag stellte der erneute Verlust der gesamten Auslandsbesitzungen dar.
Da erwies sich die Ende der 40er Jahre erfolgte Fusion mit der »Lübecker Maschinenbau AG« als Glücksfall, denn dank ihr konnte die Traktorenherstellung wieder aufgenommen werden. Unter dem neuen, umständlichen Firmennamen »Orenstein & Koppel und Lübecker Maschinenbau AG« begann im hinzugekommenen Lübecker Werk – neben Schiffen und Großmaschinen – ab 1950 die Neuproduktion von Traktoren. Zusätzlich nahm das Unternehmen die Fertigung weiterer Produkte wie Feldbahn-Dieselloks, Waggons, Bagger und Baumaschinen auf.
Basierend auf den beiden Vorkriegsmodellen stellte das Werk in Lübeck die weiterentwickelten Traktoren T 32 A mit 32 PS und T 16 A mit 16 PS her und versah sie wieder mit dem Emblem »O & K«. Das äußere Design mit den verrundeten Hauben und der stark mit Rillen durchzogenen Front unterschied sich deutlich von den zumeist kantigen und klobigen Vorkriegs-/Kriegsmodellen. Zu diesen beiden Schleppern gesellte sich in den folgenden Jahren eine ganze Palette an Diesel-Traktoren, die die Leistungsstufen zwischen 18 und 75 PS abdeckten. Einer von ihnen, der S 75, hielt jahrelang den Rekord, der leistungsstärkste deutsche Traktor zu sein. Neben den für die Landwirtschaft vorgesehenen Schleppern erschienen noch die 40 und 55 PS starken Industrietraktoren UK I und UK II.
Ein besonderer Verkaufserfolg war diesen Traktoren – obwohl gerade die stärkeren exportiert wurden – nicht beschieden. Weil außerdem andere, rentablere Produktionszweige mehr Kapazitäten in den Werkshallen beanspruchten, stellte O & K seine Schlepperproduktion bereits im Jahr 1954 wieder ein. Durch die Übernahme der Werke von »Normag-Zorge« in Westdeutschland 1955 gab es allerdings noch einen Nachschlag in Sachen Schlepperfertigung, der aber drei Jahre später ebenfalls sein Ende fand.

Wieder mit dem O & K-Logo versehen, erschien 1950 das Schleppermodell T 18 in rahmenloser Bauweise und mit Einzylinder-Viertakt-Diesel. Vier Jahre später stellte O & K die Produktion des T 18 ein.
(Foto: W. Leiter, © CC-BY-SA 2.0)

Auflösung eines Weltunternehmens

In den 80er Jahren geriet die »Orenstein & Koppel AG«, wie der Konzern seit langem wieder hieß, wirtschaftlich unter Druck. 1981 wurde deshalb zuerst der traditionsreiche Lokomotivbau aufgegeben. Dabei sollte es jedoch nicht bleiben. Seit Mitte der 90er Jahre setzte sich aufgrund der Verluste auf dem Baumaschinenmarkt die Auflösung des Unternehmens fort. 1996 verkaufte O & K die profitable Rolltreppenfertigung aus dem von Normag übernommenen Hattinger Werk an die finnische KONE Corporation. Ebenso veräußerte man ein Jahr später die Sparte der Berggeräte. 1998 übernahm die US-amerikanische Firma »Terex« die Hydraulikbagger (O & K war hier weltweit führend gewesen). Im selben Jahr ging die Hattinger Getriebefertigung an »Carraro« in Italien. Was bei Orenstein & Koppel blieb, war die verlustträchtige Baumaschinenproduktion.
In dieser Verfassung übernahm die Firma »New Holland« das Traditionsunternehmen, innerhalb derer die Markenbezeichnung O & K zunächst erhalten blieb. Nach dem Zusammenschluss von »New Holland« und »Case IH« zum italienischen Konzern »CNH« ging jedoch nach einiger Zeit diese verloren.
War die Schlepperfertigung bei Orenstein & Koppel ohnehin nur eine vergleichsweise kurze Episode gewesen, so hatte das ehemalige Weltunternehmen nun insgesamt und endgültig aufgehört zu bestehen.

PORSCHE-DIESEL

Erfolgreich waren die Traktoren aus der Konstruktion von Ferdinand Porsche vom Schlepperbauer Allgaier vermarktet worden. Obwohl dieser 1955 die Herstellung von Ackerschleppern zugunsten seines Hauptgeschäftsfeldes, der Produktion von Werkzeugen, aufgab, bedeutete dies nicht das Ende der in Zusammenarbeit mit Porsche bisher aufgelegten Traktoren.

Unter dem bisherigen Kürzel »AP«, das ursprünglich für »Allgaier-Porsche« stand, produzierte Porsche-Diesel nach der Aufgabe des Schlepperbaus von Allgaier die Serie weiterhin. Das Modell AP 18 kam 1956 auf den Markt.

Mannesmann versucht sich als Traktorenbauer

Im Gegenteil – mit Mannesmann war ein Käufer gefunden, der in den lukrativen Schleppermarkt einsteigen wollte und nun die Gelegenheit wahr nahm, eine erfolgreiche Traktorenpalette weiterbetreiben und weiterentwickeln zu können.

So kam es, dass die ehemaligen Allgaier-Porsche-Ackerschlepper in Friedrichshafen nahtlos weiterproduziert wurden. Mannesmann hatte 1956 die »Porsche-Diesel Motorbau GmbH« mit 100.000 DM Stammkapital gegründet und sie sich als 100-prozentige Tochter eingegliedert. Der Deal sah zudem vor, dass Porsche in Stuttgart einen Großteil der Konstruktions- und Entwicklungsarbeiten übernehmen sollte.

Die erste Änderung betraf die Bezeichnung – aus der Modellkennzeichnung »A« wie »Allgaier« wurde »P« wie »Porsche«. Ebenso ersetzte nun an der Motorhaube ein einheitliches »Porsche-Diesel« die alten Schriftzüge »Allgaier« und »Porsche«. In einem beispielslosen Kraftakt errichtete der neue Traktorbauer Porsche-Diesel in

Eine Art Zwischenmodell stellte die nur ein Jahr lang gebaute P-Reihe dar. Im Bild der 44 PS starke P 144. (Foto: Raizy, © CC-BY-SA 3.0)

An kleinere Landwirtschaftsbetriebe richtete sich der 1958 erstmals zum Verkauf angebotene Porsche-Diesel »Junior«.

Friedrichshafen moderne Fertigungsanlagen für die Produktion von Großserien – mit weniger wollte man sich nicht zufrieden geben. Dadurch wurde der Jahresausstoß von 20.000 Ackerschleppern erreicht und der Export konnte ausgeweitet werden.

Porsche-Diesel startet durch zum Höhenflug

Als erster neu eingeführter Traktor ersetzte der AP 18 noch im Jahr 1956 den bisherigen AP 16. Neben kleineren technischen Änderungen präsentierte er sich auch mit einer leichten optischen Modifizierung der Motorhaube. Ebenfalls im Jahr 1956 wurde die »P«-Reihe eingeführt, allerdings nur ein Jahr lang produziert. Die Leistungen dieser Schlepper reichten von 12 PS beim P 111 bis zu 44 PS beim P 144.

Im Jahr darauf stellte Porsche-Diesel dann sein neues Programm vor. Alle Schlepper basierten auf drei Grundtypen: »Junior« (14 PS), »Standard« (25 PS) und »Super« (38 PS). Während sich »Junior« an Kleinbauern wendete, war »Super« für größere Betriebe gedacht. Die Motoren besaßen nun eine höhere Leistung, ohne deshalb mehr Kraftstoff zu verbrauchen. Ein weiteres Kaufargument war die reichhaltige Ausstattung der neuen Traktoren. Und weil sie in Großserie gefertigt wurden, konnte Porsche-Diesel sie zu einem konkurrenzlos günstigen Preis anbieten. 1958 ergänzte das Spitzenmodell »Master« mit einer Leistung von 50 PS die in sich durch viele Varianten untergliederte neue Traktorenserie.

Mit zum steilen Aufstieg des Traktorenbauers trug die Baureihe 218 im selben Jahr bei. Sie vereinheitlichte innerhalb der Standard-Typenreihe die Zweizylinder-Modelle. Zum meistverkauftesten Porsche-Diesel-Traktor entwickelte sich hierbei das Modell »Standard 218« mit 25 PS, der deshalb bis zum Ende der Schlepperfertigung in Friedrichshafen hergestellt wurde.

Gegen Ende des Jahrzehnts belegte Porsche-Diesel bereits den zweiten Platz in der Zulassungsstatistik hinter Deutz. Auch im Ausland waren die rot-lackierten Traktoren mit dem schnittigen Design beliebt; viele Exporte gingen in die USA und nach Frankreich. Den Höhepunkt ihrer Verkaufserfolge erreichte die Firma zu Beginn der 60er Jahre. Mittlerweile hatte man sich mit der Ausbaufähigkeit einiger Traktorenmodelle durch Heck- und Frontanbau-Geräte ein zweites Standbein im Kommunal- und Baubereich geschaffen.

Vorder- und Hinteransicht eines Porsche-Diesel »Junior« F 108. (Fotos: Raizy, © CC-BY-SA 3.0)

Das unerwartet rasche Ende

Die Absatzkrise, unter der mittlerweile die ganze Branche der Traktorenbauer zu leiden hatte, schlug auch bei Porsche-Diesel mit voller Wucht zu. Besonders hart wirkten sich die ständig rückläufigen Verkaufszahlen vor allem deshalb aus, weil die Großfertigungsanlagen in Friedrichshafen nun nicht mehr ausgelastet waren. Gleichzeitig konnte die Firma nicht auf dem Markt der mittlerweile gefragten Höchstleistungstraktoren mitmischen, weil die eigenen Motoren auf 50 PS beschränkt waren, neue Entwicklungen zu teuer gekommen wären und Porsche-Diesel Fremdmotoren – etwa von Mercedes-Benz – aus Imagegründen nicht zukaufen wollte.

In dieser Situation vereinbarte der Mutterkonzern Mannesmann 1962 eine Kooperation mit MAN, innerhalb derer die Produktionshallen in Friedrichshafen durch die Montage von MAN-Traktoren ausgelastet wurden. Diese hoffnungsvoll begonnene Zusammenarbeit, die größere Einspareffekte für beide Firmen mit sich bringen hätte sollen, scheiterte allerdings bereits ein Jahr später, weil sich beide Unternehmen uneins waren über so strategisch wichtige Fragen wie die Abstimmung beider Typenprogramme sowie den gemeinsamen Vertrieb und Verkauf.

Die Renault-Porsche-Diesel-Vertriebsgesellschaft

Nachdem die Entscheidung bei Mannesmann gefallen war, aus der Traktorenherstellung, die man ohnehin als nicht wirklich ins eigene Programm passend empfand, wieder auszusteigen, fand sich 1963 in Renault ein Partner für eine gemeinsame Vertriebsgesellschaft. Mannesmann verkaufte die Fertigungshallen in Friedrichshafen an die zu Daimler-Benz gehörende MTU (Motoren- und Turbinen-Union). Renault hatte großes Interesse daran, über das Vertriebsnetz von Porsche-Diesel seine eigenen Ackerschlepper stärker auf dem deutschen Markt verkaufen zu können. Eine Rechnung, die allerdings nicht wie geplant aufging.

Mit zur Vereinbarung gehörte, dass Renault den Vertrieb, die Ersatzteilversorgung, den Verkauf der auf Halde liegenden Porsche-Diesel-Traktoren und zusätzlich die Montage der noch im Bau befindlichen Maschinen übernehmen musste.

Damit hatte die Absatzkrise der frühen 60er Jahre erneut ein Opfer gefunden, eines, das seit seinem Bestehen immerhin an die 120.000 Traktoren gebaut hatte und mit diesen technisch hochqualitativen und innovativen Maschinen eine glänzende Zukunft vor sich zu haben schien.

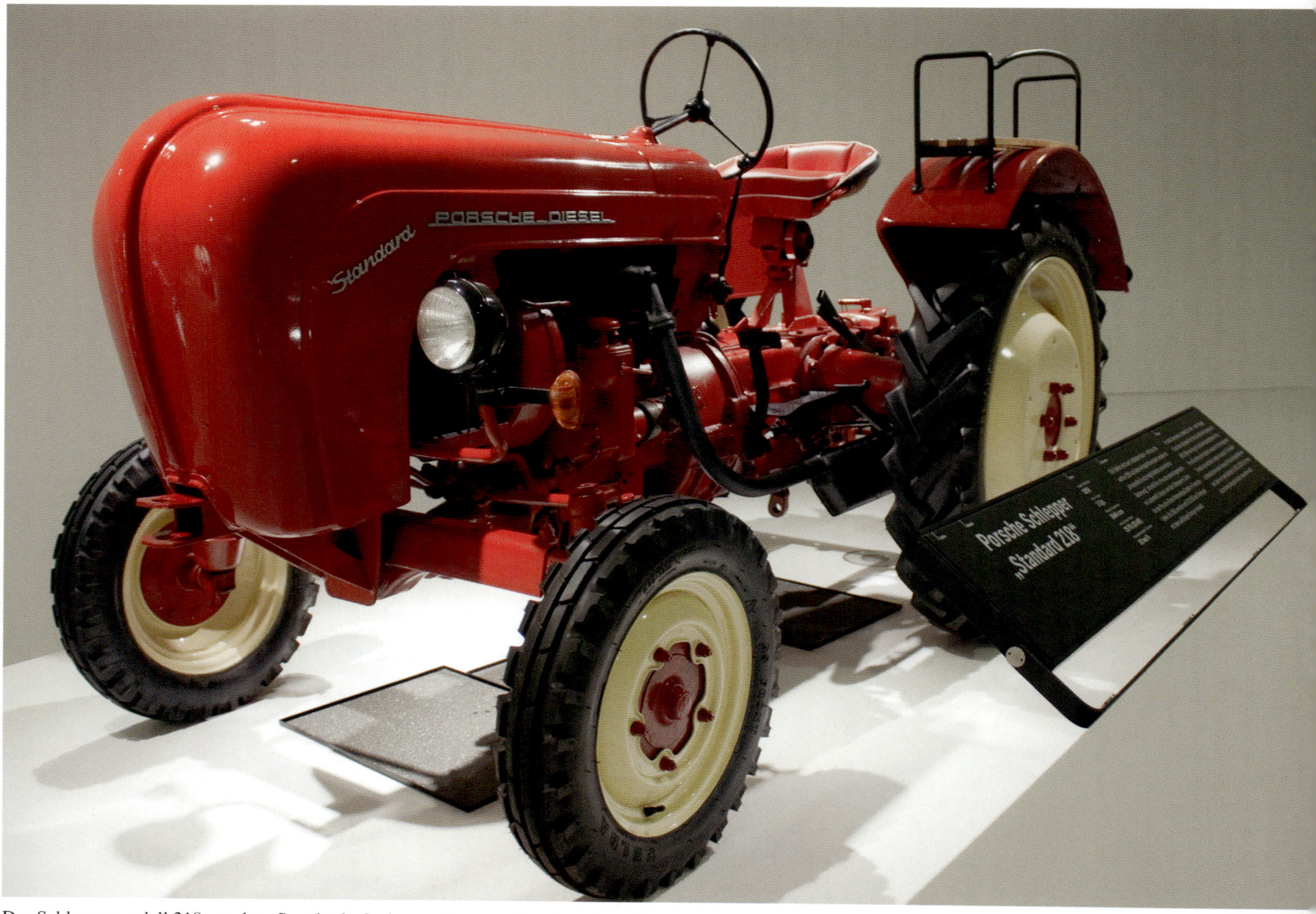

Das Schleppermodell 218 aus der »Standard«-Serie von Porsche-Diesel verfügte über einen Zweizylinder-Viertakt-Reihendiesel, über Getriebe- und Motorzapfwellen und einen Mähantrieb. Dieser Schlepper war der erfolgreichste Porsche-Diesel. (Foto: Flickr, © CC-BY-SA 2.0)

Die »Standard«-Reihe bediente seit 1958 mit ihren luftgekühlten 25-PS-Dieselmotoren den mittleren Leistungsbereich bei Traktoren. Dieses Plakat stellte die neue Schlepper-Serie vor. (Foto: Sammlung Gebhardt)

Für größere landwirtschaftliche Betriebe gedacht war ab 1958 der Porsche-Diesel »Super« 308 N mit seinen 38 PS Motorleistung.

Zu Beginn der 60er Jahre erschien der Porsche-Diesel »Master« 419. Zu seinen Ausstattungsmerkmalen zählte ein 50 PS starker Vierzylinder-Viertakt-Diesel sowie acht Vorwärtsgänge und ein Rückwärtsgang. (Foto: Perfekt 401 es, © CC-BY-SA 3.0)

Zwei Typen des Schleppermodells »Standard Star« fertigte Porsche-Diesel mit Beginn der 60er Jahre. In diesem Prospekt warb der Hersteller für die neuen Modelle. (Foto: Sammlung Gebhardt)

Von 1961 bis 1962 verließ der Porsche-Diesel »Standard Star« 238 die Werkshallen in Friedrichshafen. Sein Zweizylinder-Viertakt-Diesel erzeugte 26 PS. (Foto: Oxfordian Kissuth, © CC-BY-SA 3.0)

Mit einem luftgekühlten 40-PS-Dreizylinder-Diesel versehen, produzierte Porsche-Diesel das Schleppermodell »Super« L 319 von 1961 bis 1963.

Bevor Porsche-Diesel den Traktorenbau einstellte, erschien noch aus der »Super«-Reihe das Modell 339. Sein Dreizylinder-Viertakt-Diesel leistete 30 PS. Der Schlepper besaß ab Werk eine Motor- und eine Getriebezapfwelle. (Foto: Steffen Heinz, © CC-BY-SA 3.0)

PRIMUS

Eigentlich wollte Johannes Köhler nur eine motorisierte Alternative für die vielen Berliner Pferdefuhrwerke schaffen. Doch auch in der Landwirtschaft gab es Abnehmer für die Zugmaschinen seiner Firma Primus. Und mit dem »Packesel« gelang ihm sogar die Vorwegnahme eines neuen Gerätetyps.

Der erste Schlepper von Primus war der P 22 und wurde 1938 der Öffentlichkeit präsentiert. Den 22 PS starken Zweizylinder-Viertakt-Dieselmotor bezog Primus von Deutz. (Foto: Buteo, © CC-BY-SA 3.0)

Ersatz für Pferdefuhrwerke

Johannes Köhler verkaufte in Berlin selbständig Produkte für die Firma Deutz, als er sich 1932 entschloss eine eigene Firma zu gründen, um mit ihr in Form von Straßenzugmaschinen einen Ersatz für die vielen Pferdefuhrwerke auf Berlins Straßen zu schaffen. Mit der »Primus Traktoren GmbH« setzte er zwei Jahre später sein Vorhaben in Berlin-Lichtenfeld in die Tat um und produzierte kleine Fahrzeuge, in die er Antriebsaggregate der Firma Deutz einbaute, zunächst leistungsschwächere ab 7 PS, dann stärkere bis zu 22 PS – eine Motorenwahl, die schon aufgrund Köhlers bisheriger Verbindung zu Deutz nahe lag.

Der Erfolg, den er mit diesen Maschinen hatte – nicht zuletzt angefeuert durch Köhlers unermüdliches Anpreisen der Vorteile der Motorisierung gegenüber Pferden –, bescherte ihm nicht nur die Marktführerschaft für Straßenzugmaschinen in Deutschland, er ermutigte ihn außerdem, für die Landwirtschaft ebenfalls passende Zuggeräte zu entwickeln. Als Übergangslösung vertrieb Köhler Landwirtschaftsfahrzeuge der Firma »Stock Motorpflug GmbH« sowie den »Bauernschlepper« von Deutz, dann kam er im Jahr 1938 selber mit einem Traktor auf den Markt, dem »Primus P 22«.

In dieser Werbung wird der Schlepper P 22 von Primus angepriesen und alle wichtigen technischen Details aufgelistet. (Foto: Sammlung Gebhardt)

Primus-Schlepper, -Pony und -Packesel

Der P 22 erwies sich als sehr fortschrittlich. Wiederum von einem Deutzmotor angetrieben – diesmal von einem Zweizylinder-Viertaktdiesel, der 22 PS leistete und eine Höchstgeschwindigkeit von 22 km/h bot – kam er auf Anhieb so gut an, dass seine Konstruktion anderen Schlepperbauern als Leitbild diente. Eine seiner besonderen Eigenschaften betraf die Lenkung, die es dem Traktor ermöglichte, auf engstem Raum zu wenden. Darüberhinaus war der P 22 robust, sparsam und einfach zu bedienen.

Für kleinere Landwirtschaftsflächen gedacht war der Kleinschlepper P 11 »Pony«. Primus stellte ihn 1939 vor und beabsichtigte, mit ihm gerade auch die kleinen Gehöfte im Westen des Deutschen Reiches zu erreichen. Um vor allem in Süddeutschland die Ängste vor mangelnder Wartung und Ersatzteilversorgung durch die ferne Berliner Firma zu zerstreuen, gründete Köhler im oberbayerischen Miesbach eine Primus-Niederlassung, die noch sehr wichtig für ihn werden sollte.

Ebenfalls bereits vor Ausbruch des Zweiten Weltkrieges erschien ein weiteres innovatives Gerät, der »P 16 Packesel«. Er nahm die Fahrzeuggattung der Geräteträger vorweg, die andere Firmen nach dem Krieg aufgriffen und weiterentwickelten. Eine der Besonderheiten des »Packesels« bestand darin, dass der Fahrer aufgrund der einander gegenüberliegenden Sitze auch bei Umkehr der Fahrtrichtung immer in Fahrtrichtung Platz nehmen konnte und so das Gefährt nicht erst mühsam wenden musste.

Primus hatte das Glück, zu den auserwählten Traktorenherstellern zu gehören, die im Schell-Typenbegrenzungsplan Berücksichtigung fanden, und durfte deshalb den P 22 vorerst weiterbauen, obwohl kriegsbedingt kein wirklicher Serienbau mehr stattfand. Abgeleitet vom P 22, ersetzte diesen ab 1942 der unförmige Holzgasschlepper P 25 G. Doch im Laufe des Krieges verdrängte die zunehmende Rüstungsproduktion die Traktorenfertigung im Primus-Werk.

Versuch, an den Vorkriegserfolg wieder anzuknüpfen

Der Bombenhagel der Alliierten zerstörte das Ostberliner Stammwerk von Primus zum großen Teil. Was übrig blieb, beschlagnahmte die Rote Armee. Johannes Köhler blieb nichts anderes übrig, als in seiner Miesbacher Niederlassung in Süddeutschland einen Neuanfang zu wagen. Die bayerische Filiale musste erst zum Traktorenwerk ausgebaut werden, was in den schwierigen Nachkriegszeiten Zeit und Geduld erforderte. Köhler verdiente sein Geld zunächst mit Reparaturarbeiten, bevor er sich an die Überarbeitung seines Vorkriegs-Erfolgmodells P 22 machen konnte. Die Materialbeschaffung blieb schwierig und so stand der gewohnte Deutzmotor samt Prometheus-Getriebe ebenfalls nicht zur Verfügung. Einen Ausweg boten die Motoren von MWM und die Getriebe von ZF.

Neben dem zum P 24 weiterentwickelten P 22, der von einigen Lizenznehmern nachgebaut wurde, stellte Primus in den 50er Jahren auch kleinere Schlepper her, die mit Leistungszahlen von 12 bis 18 PS die Kleinbauern in Westdeutschland anzulocken versuchten. Die Nachkriegsmodelle zierte erneut die Primus-typische Motorhaube mit ihrem markanten Kühlergrill aus den Vorkriegsjahren.

Köhler besaß den Ehrgeiz, einen eigenen Motor zu entwickeln. Das gelang tatsächlich mit Hilfe des Ingenieurs Johann Schmuck. Die Dreizylinderversion des selbstkonstruierten Motors kam in den P 28, der 1950 eingeführt und bis zum Ende der Primus-Schlepperfertigung gebaut wurde. Die kleineren Primus-Modelle erhielten ein Zweizylinderaggregat aus eigenem Haus. Mit einem Stromgenerator wurde der »PD 3 Elektropionier« versehen. Doch um 1954 herum stieß die Entwicklung der eigenen Motoren an ihre Grenzen, zudem wechselte Schmuck seinen Arbeitgeber. Praktischer waren die preiswerten und zuverlässigen MWM-Aggregate, die aus diesem Grund von nun an die selbstentwickelten ersetzten.

Aus dem Schlepperfertiger wird ein Zulieferer

Neben den kleineren Typen erschienen Mitte der 50er Jahre noch besonders leistungsfähige Traktoren mit 40 und 60 PS, die jedoch nicht in Deutschland verkauft wurden, sondern für den Export nach Argentinien bestimmt waren. Zu dieser Zeit begannen sich bei Primus sowohl die finanziellen Einbußen aus einem geplatzten Geschäft mit der Türkei als auch die aufkommende Absatzkrise massiv negativ auszuwirken. Zeitgleich starb der Firmengründer Johannes Köhler. Sein Sohn übernahm daraufhin die Leitung von Primus, konnte aber das sinkende Schiff nicht mehr retten.

Im Jahr 1958 stellte Primus die Herstellung von Traktoren im Wesentlichen ein. Nur Einzelstücke erschienen noch bis Anfang der 60er Jahre. Die Primus-Traktoren-Gesellschaft verwandelte sich in die Firma »Miesbacher Maschinen- und Stahlbau«, zu deren neuen Aufgaben auch die Lieferung ihrer Produkte an andere Schlepperfertiger zählte, an die bisherigen Mitbewerber also. Dieser Nachfolgebetrieb konnte sich bis 1977 behaupten und schloss dann ebenfalls seine Pforten.

Von 1951 bis 1957 stellte Primus das Nachkriegsmodell PD 2 her. Sein Zweizylinder-Viertakt-Reihendiesel stellte 24 PS zur Verfügung. Das Modell auf der Abbildung ist gezeichnet von einem langen Arbeitsleben.

Der Primus-Schlepper PD2L bereicherte die Modellpalette des Miesbacher Traktorenbauers ab 1954. Der Dieselmotor kam diesmal von MWM, erzeugte aber wie beim PD2-Modell 24 PS.

Seit 1955 baute Johannes Köhler den hinterradgetriebenen Primusschlepper PD1Z, dessen MWM-Motor 17 PS leistete. Fünf Vorwärtsgänge und ein Rückwärtsgang waren weitere Attribute dieses Traktors.

Der Primus PD1ZW mit 18 PS Leistung gehörte zu den letzten Primus-Traktoren, die zum Ende der 50er Jahre in Miesbach hergestellt wurden.

Primus wollte sich auf diesem Werbeplakat von den Mitbewerbern absetzen. (Foto: Sammlung Gebhardt)

RITSCHER

Mit Dreirad-Traktoren, wie sie in den Vereinigten Staaten verbreitet waren, erlangte die kleine Firma Ritscher in Deutschland vor dem Zweiten Weltkrieg Bekanntheit. In den Nachkriegsjahren passte sich der Schlepperbauer den hierzulande gewohnteren vierrädrigen Fahrzeugkonstruktionen an und konnte sich mit diesen modernisierten Schlepper-Reihen einige Jahre erfolgreich behaupten.

Ein folgenreicher USA-Aufenthalt

Einen ungewöhnlichen Einstieg in den Traktorbau fand die kleine Firma Ritscher im Hamburger Stadtteil Moorburg. Es existierte väterlicherseits zwar seit 1879 ein Betrieb der Familie Ritscher, doch bei dem handelte es sich um eine Flussschiffswerft, die sich mit dem Bau und dem Abwracken von Holz-, später auch Eisen- und Stahlschiffen beschäftigte. Noch dachte niemand an Traktoren.

Doch Karl Ritscher, Sohn des Werftbesitzers Heinrich Wilhelm, sollte dies ändern. Geboren 1896 in Hamburg, lernte er zunächst erwartungsgemäß Schiffszimmerer. Doch eine Sprachreise in die USA, die Karl Ritscher 1914 noch vor Ausbruch des Ersten Weltkriegs antrat und die eigentlich nur ein Jahr hätte dauern sollen, änderte seine Berufsvorstellungen.

Dabei geriet die Reise in die Vereinigten Staaten zunächst zur Katastrophe für den jungen Mann, denn der Kriegsbeginn zog für ihn als Deutschen die Internierung nach sich. 1915 jedoch bekam er die Möglichkeit, an der Ann-Arbor-University in Michigan ein Schiffbaustudium aufzunehmen, das er mit Hilfsarbeiten auf einer Werft finanzierte. Dies war immer noch ein konsequenter Fortbildungsschritt des Sohnes vor dem Hintergrund des väterlichen Werftbetriebs in Deutschland.

Als die Werft, auf der Karl Ritscher arbeitete, schließlich mit dem Bau von Kriegsschiffen gegen Deutschland begann, brach er sein Studium ab und wechselte über in das unverfänglichere Fachgebiet des landwirtschaftlichen Ingenieurwesens. Damit waren die Weichen gestellt. Denn zur Weiterfinanzierung seines Aufenthalts arbeitete er nun in den Ford-Werken sowie bei der »Cleveland Tractor Company«. Hierdurch wurde er u. a. mit den speziellen Vorstellungen und Fertigungsmethoden der Amerikaner bezüglich des Traktor- und Landmaschinenbaus vertraut und dies sollte seine spätere Schlepperproduktion in der eigenen Firma deutlich beeinflussen.

Der Tod seines Vaters im Jahr 1918 bewog Karl Ritscher, wieder nach Deutschland zurückzukehren. Kriegsbedingt durfte er allerdings erst 1919 die USA verlassen.

Raupen- und Dreiradtrecker nach US-Vorbild

Zurück in Deutschland brannte Karl Ritscher darauf, im väterlichen Betrieb, den zwischenzeitlich seine Brüder geführt hatten, mit der Schlepperproduktion zu beginnen. Denn die einheimische Traktorszene erschien dem jungen Mann rückständig und er hatte viele Ideen, dies zu ändern.

Nach amerikanischem Vorbild baute Ritscher diesen ungewöhnlichen Dreirad-Schlepper im Jahr 1936. 12 PS erzeugte sein wassergekühlter Einzylinder-Viertakt-Diesel von Kämper. (Foto: Hajotthu, © CC-BY-SA 3.0)

Mit der Hilfe einer kleinen Truppe von Mitarbeitern baute er 1920 seinen ersten Traktor, ein Raupenfahrzeug namens »Panther«. Von diesem Modell stellte er ein Jahr später eine verbesserte Version her, die er »Graue Laus« taufte. Diese wurde bereits in hohen Stückzahlen vor allem für Obstbauern der Region gefertigt. In den Folgejahren bis 1931 fertigte Ritscher noch weitere, unterschiedliche Modelle an Kettenschleppern, etwa hundert Stück an der Zahl.

Um ihre eigenen Betriebe zu haben, begannen die Brüder damit, die väterliche Werft unter sich aufzuteilen. Karl Ritscher baute seinen Teil aus zu den »Moorburger Trecker Werken« (MTW), nach der endgültigen Trennung im Jahr 1928 eingetragen als »Karl Ritscher GmbH«. Die ungenügende Würdigung seiner von ihm als überlegen erachteten Traktoren bei einem Schlepperwettbewerb 1926,

Der Ritscher-Schlepper Modell 528 wurde am längsten produziert, von 1951 bis 1959. 28 PS leistete sein wassergekühlter Zweizylinder-Viertakt-Reihendiesel von MWM. (Foto: Hajotthu, © CC-BY-SA 3.0)

der eine große Werbung für das junge Unternehmen hätte werden sollen, brachte Ritscher zusammen mit der anschließenden Weltwirtschafts- und Absatzkrise in finanzielle Schwierigkeiten.
Doch nicht allen waren die besonderen Eigenschaften der Kettenfahrzeuge des Moorburgers entgangen. Die Militärs honorierten seine Erfahrungen auf diesem Gebiet mit Rüstungsaufträgen in Form von Kettenlaufwerken, die er für Militärfahrzeuge anfertigen sollte und die Ritscher halfen, die finanzielle Krise zu überwinden. Als weiteres Standbein erweiterte er seine Produkte um Grabenreiniger.
1936 stellte Ritscher seinen ersten Radschlepper vor, den Dreiradtraktor N. In Deutschland waren Dreiradschlepper nicht sehr verbreitet, in den USA hingegen an der Tagesordnung. Diesem Vorbild hatte Ritscher nachgeeifert. Vorteile dieser Konstruktion waren die Wendigkeit des Treckers – er konnte beinahe auf der Stelle drehen – und der günstige Preis. Weitere Dreiradtraktoren mit den Bezeichnungen N 14 und N 20 folgten und verkauften sich überaus gut.

Kettenlaufwerke für die Wehrmacht

Die beiden Dreiradschlepper N 14 und N 20 wurden in das Typenbegrenzungsprogramm der Reichsregierung aufgenommen und konnten dadurch bis 1942 weitergebaut werden. 1941 hatte Ritscher erstmalig einen Trecker mit vier Rädern hergestellt, das Modell 204. Ein schwerer 50-PS-Raupenschlepper entstand zu dieser Zeit ebenfalls noch, fand aber nicht mehr seinen Weg auf die Äcker. Danach hätte Ritscher wie viele andere Traktorbauer auf Holzgasbetrieb umstellen müssen. Ein erster Prototyp eines vierrädrigen Holzgasschleppers mit der Bezeichnung G 25 war schon gebaut worden. Er kam aber nicht mehr zum Einsatz und ging in den Nachkriegswirren sogar verloren. Von größerer Wichtigkeit wurden für Ritscher seine Aufträge für die deutsche Rüstung.
Wie schon Jahre zuvor waren seine Kenntnisse über Kettenlaufwerke gefragt und er begann mit der Herstellung derselben für Halbkettenfahrzeuge der Wehrmacht. Dieser Produktionszweig wuchs infolge des Kriegsbedarfs sosehr an, dass das eine Werk in Moorburg schließlich nicht mehr ausreichte und weitere Ableger geschaffen werden mussten. Kehrseite dieser betrieblichen Erweiterung war, dass die Ritscher-Werke ins Zielkreuz der alliierten Bomber gerieten und teils schwer beschädigt wurden. Das Stammwerk in Moorburg musste 1943 nach Sprötze ausgelagert werden, um weiterproduzieren zu können.

Anpassung an die deutsche Vierrad-Norm

Kriegsbeschädigungen und das Arbeitsverbot als ehemaliger Rüstungsbetrieb erschwerten nach dem Zweiten Weltkrieg die Wiederaufnahme der Schlepperproduktion. Das Werk in Sprötze wurde zudem geplündert.
1948 entstanden schließlich doch wieder aus Restteilen die ersten Dreiradschlepper (Wiederauflage der Vorkriegsmodelle) und Grabenreiniger von Ritscher. Die Vorkriegstypen der N-Reihe entwickelte er dann zum Modell 320 weiter. Die Zeit von Traktoren mit drei Rädern – in Deutschland als »Heideroller« belächelt – begann allerdings abzulaufen, deshalb bot Ritscher zudem die Umstellung von vorhandenen Dreirädern auf vier Räder an und stellte letztlich sein eigenes Programm ebenfalls auf vierrädrige Schlepper um. Daraus entwickelte sich zu Beginn der 50er Jahre eine vollständig neue Traktorenreihe, welche die Leistungsklassen zwischen 12 und 40 PS bediente. Als Sonderzubehör standen Mähwerk, Seilwinde und ein Verdeck mit Rundumsicht zur Verfügung.
Das mittelschwere Modell 528 mit 28 PS Leistung wurde innerhalb dieser Reihe am längsten gebaut, nämlich bis 1959. Der stärkste Traktor 540 mit 40 PS war für große Bauernhöfe gedacht. Als Abrundung nach unten fand sich in Ritschers Programm mit 12 PS Leistung das Modell 412 mit erstmals fremdem Getriebe.
1954 stellte Ritscher einen Geräteträger mit Namen »Multitrak« vor. Den ersten noch schwachen Motor ersetzte bald ein Aggregat des Schlepperbauers Güldner, der den Geräteträger daraufhin auch ins eigene Programm aufnahm. 1958 gab es schließlich noch eine Version mit Motor von Deutz, die nach Vorbild Güldners das Deutz-Programm ergänzte.
Karl Ritscher ahnte jedoch wohl, dass seine kleine Firma sich kaum würde längerfristig auf dem Markt behaupten können. Spätestens die schlechten Verkäufe zweier neuer Schleppermodelle, die er Ende der 50er Jahre noch vorstellte und die unglücklicherweise mit technischen Problemen zu kämpfen hatten, bestätigten diese Sichtweise. So war es wohl ein kluger Schachzug von ihm, seine Firma zu Beginn der 60er Jahre an die »Berliner Maschinenbau AG« zu verkaufen. Diese setzten den Traktorbau in Sprötze nicht fort, zu ihren Produkten zählten vielmehr Setz- und Textilmaschinen.

SCHLÜTER

Mit immer größeren und leistungsstärkeren Traktoren beeindruckte Schlüter nicht nur die Fachwelt, sondern auch den ehemaligen jugoslawischen Staatschef Tito. Unglücklicherweise nahm der Bürgerkrieg in dem Balkanland Schlüter den wichtigsten Abnehmer für seine Kolosse weg und besiegelte damit das Schicksal der Firma.

Ein Motorenhersteller steigt in die Landwirtschaft ein

Anton Schlüter, Sohn eines Gutsherrn aus dem Sauerland, der früh Vollwaise wurde, hatte es nach seiner Ausbildung zum Mechaniker, Bau- und Kunstschlosser zuerst ins bayerische Freising verschlagen. Dort heiratete er und zog anschließend mit seiner Frau weiter nach München, wo er im Jahr 1899 eine Hinterhof-Reparaturwerkstatt für Brauerei- und Druckmaschinen gründete.

Weil sein Geschäft gut lief, übernahm er einige Jahre später eine sächsische Motorenfabrik, die er nach München verlegte, und begann dort mit dem Bau von Benzin- und Vielstoffaggregaten. Der große Erfolg aus dieser Tätigkeit ermöglichte es Schlüter, 1911 eine Gießerei in Freising zu erwerben, in der er nun Gussteile für die selbst entwickelten Motoren herstellen konnte. Um den Vertrieb dieser Motoren auszuweiten, begann er seine Fühler auf landwirtschaftliches Terrain auszustrecken. Mit dem Bau von Dreschmaschinen und anderen Geräten schuf er sich so ein zweites Standbein.

Die Herstellung eigener Schlepper lag also nahe, dennoch dauerte es noch bis zum Jahr 1937, ehe die »Motorenfabrik Anton Schlüter München GmbH« mit dem DZM 14 – gebaut in Rahmenbauweise und versehen mit Einzylinder-Motor – den ersten eigenen Traktor der Öffentlichkeit präsentieren konnte. Vorausgegangen war die Eigenentwicklung eines wirtschaftlichen Dieselmotors. Kurz darauf stellte Schlüter mit dem DZM 25 einen 25-PS-Schlepper in Blockbauweise vor, der sich vor allem an die vielen noch nicht motorisierten Kleinbauern richtete. Diese Maschinen waren einfach gehalten, aber zuverlässig und preiswert. Bis zum Verbot der Herstellung herkömmlich betriebener Schlepper im Jahr 1942 konnten vom 25-PS-Modell immerhin tausend Stück gefertigt werden. Anschließend baute Schlüter bis Kriegsende weitere 500 Traktoren mit dem unvermeidlich gewordenen Holzgasantrieb, der in dieser Zeit von den Machthabern in Deutschland allein noch als Schlepperantrieb zugelassen war.

Der DZM 25 von Schlüter sollte in den enddreißiger Jahren mithelfen, die deutschen Kleinbauern zu motorisieren. (Foto: Sammlung Gebhardt)

Von Kleinschleppern zu »bärenstarken« Großtraktoren

Das Münchner Stammwerk überstand die Bombenangriffe während des Zweiten Weltkriegs ebenso wenig wie die Gießerei in Freising. Das bereits 1915 ebenfalls in Freising erbaute zweite Produktionswerk war jedoch noch in so gutem Zustand, dass sich Reparatur und Ausbau hier lohnten. Schon 1947 konnte hier der Schlepperbau von Vorkriegsmodellen aufgenommen werden. Zwei Jahre später starb der Firmengründer Anton Schlüter, worauf sein Sohn die Geschäftsführung übernahm und diese bis zu seinem Tod 1957 sehr erfolgreich handhabte.

Der gut laufende 25-PS-Schlepper mit wassergekühltem Viertaktdiesel-Motor erhielt ab 1949 die Bezeichnung DS 25, ihm zur Seite stand das 15-PS-Modell DS 15. Beide wurden bis Mitte der 50er Jahre verkauft und sogar ins Ausland exportiert.

In der zweiten Hälfte des Jahrzehnts verbreiterte Schlüter seine Modellpalette und baute Traktoren, die nun unterschiedliche Leistungsklassen abdeckten und dabei die oberen PS-Zahlen ebenfalls im Auge hatten. Spitzenmodell war hierbei der 45 PS starke AS 45 mit Dreizylinder-Viertakt-Diesel und einem Fünfganggetriebe von ZF, der für den Einsatz auf großen landwirtschaftlichen Gütern gedacht war.

Der Vorkriegs-Schlepper mit neuer Bezeichnung ab 1949: Schlüter DS 25 besaß einen Vierzylinder-Diesel mit 25 PS Leistung.

Gesellschaft bekam der DS 25 im Jahr 1950 durch den 15-PS-Schlepper DS 15. Ein Jahr später erhielt der kleine Traktor ein PS mehr.

»Der schafft`s« – Selbsbewusst preist hier Schlüter seinen kleinen DS 15-Schlepper an, mit dem auch Kleinbauern gewonnen werden sollen. (Foto: Sammlung Gebhardt)

Schlüter-Landmaschinen erwarben sich rasch einen guten Ruf, denn sie waren bei aller Schlichtheit von hoher Qualität, zuverlässig und zudem günstig. Mit solchen Eigenschaften bedienten diese Schlepper die Ansprüche vieler deutscher Kleinbauern im Jahrzehnt des Wirtschaftswunders.
Doch der Markt begann sich gegen Ende der 50er Jahre zu verändern. Inzwischen zu Wohlstand gekommen und den Druck der neuen EWG-Landwirtschaftspolitik spürend, verlangten die Landwirte zunehmend nach größeren und leistungsfähigeren Traktoren. Schlüter – mittlerweile vom Enkel des Firmengründers geleitet – reagierte auf diese Wünsche sowie die rückläufigen Verkaufszahlen und spezialisierte sich in den folgenden Jahren auf Hochleistungsfahrzeuge mit zunächst vier bis acht Zylindern. Zu solchen PS-starken Maschinen zählten ab Mitte der 60er Jahre sowohl der S 900 mit 80 PS als auch die »Super«-Serie mit Leistungen von 38 bis 130 PS.
In der Gestaltung wurden die neuen Traktoren überarbeitet, nicht nur in der Formgebung, sondern zudem farblich. Waren Schlüter-Schlepper der Vergangenheit hauptsächlich in den Farben Grün, Blau und Grau aufgetreten, so wurden sie nun in einem einheitlichen Rot lackiert.
Der »Super 1500 V« von 1966 mit seiner Leistung von 130 PS wurde ein Exporterfolg nach Jugoslawien und ebnete den Weg zu ei-

ner Traktorenbestellung zwölf Jahre später, die – wäre sie wirklich zustande gekommen – womöglich hätte helfen können, Schlüter vor seinem Schicksal zu bewahren.

Der jugoslawische Markt bricht weg

Trotz der Nachfrage nach starken Traktoren gab es aber in Deutschland für die immer größer werdenden Ungetüme nicht so viele Abnehmer, wie für Schlüter nötig gewesen wären. Selbst der Export ins Ausland verschaffte nicht genug Zusatzabnehmer. Doch das Freisinger Unternehmen baute immer noch stärkere und noch größere Maschinen. Denn in den unteren Leistungsklassen war die Konkurrenz von Großserienherstellern herangewachsen. Der Weg dahin zurück schien also verbaut. Höhepunkt dieser Entwicklung war der praktisch kaum wirklich einsetzbare Koloss »Profi Trac 5000 TVL« mit einem MAN-Motor und einer Leistung von 500 PS – der stärkste Traktor, den Schlüter je gebaut hat. Bestellt hatte dieses Ungetüm niemand Geringeres als der damalige Staatspräsident von Jugoslawien, Josip Broz Tito.

Der jugoslawische Markt hatte sich in den vergangenen Jahren zu einem der wichtigsten Absatzgebiete Schlüters entwickelt und so hätte die geplante Serienproduktion des »Profi Trac 5000« vielleicht einen goldenen Weg in die Zukunft weisen können. Doch daraus wurde nichts, der jugoslawische Bürgerkrieg machte einen Strich durch diese Rechnung. Zu einer Serienproduktion kam es nie. Der Traktor, von dem mangels Kaufinteressenten nur ein einziges Modell hergestellt worden war, wurde zu einer Ausstellungsattraktion – mehr nicht. Vom leistungsschwächeren »Profi Trac 3000 TVL«, der mit seinen 280 PS immer noch alle Mitbewerber überflügelte, hatten immerhin alle dreizehn gebauten Exemplare einen Käufer gefunden – zwölf davon in Jugoslawien. Auf mehr Stückzahlen brachte es allerdings auch dieser Koloss nicht.

Konkurs und Übernahmen

Dieser Umstand war für Schlüter um so schlimmer, als sich die Branche in den 80er Jahren ohnehin in einer neuen Absatzkrise befand und der Betrieb zu klein war, um diese aus eigener Kraft zu überstehen. Und im Gegensatz zu einigen Mitbewerbern fand Schlüter keinen zahlungskräftigen Partner.

Zu Beginn der 90er Jahre führte Schlüter noch die »Euro-Trac«-Serie ein. In den Jahren 1991–1993 wurden noch einmal verschiedene Leistungsklassen mit den Modellen »Euro-Trac 1300« LS, 1600 LS und 1900 LS abgedeckt. Doch noch im Jahr 1993 ging das Unternehmen in Konkurs.

Finanziert worden war die Fertigung dieser letzten Schlepper durch Grundstücksverkäufe – darunter befand sich sogar das eigene Betriebsgelände in München. Als die Stadt die Räumung desselben einforderte, wurde die Produktion eingestellt. Anschließend führte die »LandTechnik Schönebeck« – ehemals Traktorenbauer in der DDR – die »Euro-Trac«-Reihe weiter, musste jedoch nach nur 32 gebauten Maschinen selber die Tore schließen.

Zwei Jahre später übernahm die Firma Egelseer aus Fürth das vollständige Ersatzteillager von Schlüter und fertigte den »Euro Trac« immerhin noch bis 2004 in Einzelfertigung.

Statt in Blockbauweise wurde der AS 15, der ab 1953 Schlüters Werk verließ, in rahmenloser Blockbauweise gefertigt.

Den 18-PS-Schlepper AS 18 mit seinem Einzylinder-Viertaktdiesel baute Schlüter von 1954 bis 1956.

Über einen luftgekühlten Einzylinder-Viertaktdiesel mit Direkteinspritzung verfügte der Schlüter S 15, der von 1959 bis 1962 gebaut wurde. (Foto: Lifetec 18, © CC-BY-SA 3.0)

Werbeprospekt für den Schlüter S 650 V, der von 1963 bis 1966 hergestellt wurde und 56 PS leistete. (Foto: Sammlung Gebhardt)

Von 1966 bis 1971 wurde der Super 650 V produziert. Schlüter bewegte sich mit seinen Leistungszahlen immer weiter nach oben; dieses Modell besaß zwischen 62 und 72 PS. (Foto: Markus Hagenlocher, © CC-BY-SA 3.0)

Halbrahmenbauweise, ein selbstentwickelter wassergekühlter Viertakt-Diesel mit Direkteinspritzung und einer Leistung von 85 bis 90 PS waren die Eckdaten des Schlüter Super 850. Hergestellt wurde er zwischen 1968 und 1976.

Von Anfang der 70er bis Mitte der 80er Jahre verließ der Super 1500 TVL das Schlüter-Werk. Sein Sechszylinder-Viertakt-Diesel erzeugte 150 PS. (Foto: W. Leiter, © CC-BY-SA 3.0)

Übersicht über die Ende der 70er Jahre zum Verkauf angebotenen Schlüter-Traktorenmodelle. Um sich von den Mitbewerbern abzuheben, nennt sie Schlüter hier »Traktomobile«. (Foto: Sammlung Gebhardt)

Auf die Spitze getrieben: der Schlüter »Profi Trac 5000 TVL« war mit 500 PS Leistung der stärkste Schlüter-Traktor und blieb dennoch nur eine Studie. Nie ging der Koloss in Serie.

Zu Beginn der 90er Jahre stellte Schlüter die Reihe »Euro-Trac« vor. Diese Traktoren waren die letzten, die den Namen Schlüter trugen. Ab 1993 gingen bei Schlüter die Lichter aus. (Foto: Alupus, © CC-BY-SY 3.0)

STEYR

Dieser wichtige österreichische Traktorenhersteller, dessen Stammhaus Steyr-Daimler-Puch die Unternehmenslandschaft in der Alpenrepublik lange prägte, sollte auch in einem Buch über ansonsten rein deutsche Schlepperproduzenten nicht übergangen werden. Heute ist Steyr eine Traktorenmarke des Landtechnik-Konzerns CNH.

Eine Waffenfabrik fusioniert mit einem Fahrzeughersteller

Aus der Gewehrfabrik seines Vaters Leopold Werndl hervorgegangen, führte Josef Werndl ab 1864 in Oberletten/Steyr den Betrieb als Waffenfabrik und Sägemühle weiter. Auf dem Gebiet der Gewehr- und Pistolenherstellung prosperierte die Firma. 1869 wurde sie als »Österreichische Waffenfabriks-Gesellschaft« in eine AG umgewandelt und entwickelte sich in den kommenden Jahren nicht nur zum Waffenausstatter Nr. 1 der österreichisch-ungarischen Armee, sondern sogar zu einem der größten Waffenproduzenten in Europa.

Dennoch schuf sich die Firma aus Steyr weitere Standbeine durch Ausweitung ihrer Produktpalette gegen Ende des 19. Jahrhunderts auf Fahrräder, später zusätzlich auf Automobile, Busse und Lastkraftwagen. 1923 änderte sie ihre Bezeichnung in »Steyr-Werke AG«. Noch vor dem Zusammenschluss mit der Austro-Daimler-Puch AG 1934 zum neuen Unternehmen »Steyr-Daimler-Puch AG« versuchte sich der österreichische Betrieb an der Konstruktion eines Traktors. Dabei orientierte er sich an den richtungsweisenden und erfolgreichen Fordson-Traktoren aus den USA und stellte einige wenige Exemplare des 80 PS starken, mit einem Vierzylinder-Benzinmotor und Gummireifen versehenen ersten Steyr-Schleppers her. Doch in Serie ging das Gefährt nie und Steyr-Daimler-Puch entwickelte auch keinen Nachfolger, sondern konzentrierte sich auf die Hauptprodukte Autos, Lastwagen und Rüstungsgüter.

Nach dem Anschluss an das Deutsche Reich dominierte der letztere Bereich die Produktion. Die Kriegsjahre hindurch bis 1945 fertigte Steyr-Daimler-Puch Karabiner und Maschinengewehre für die Wehrmacht und stellte den Automobil-Bereich vorerst ein. Allerdings entstand in den Steyr-Werken 1942 der »Raupenschlepper Ost«, um die Nachschubprobleme der deutschen Armee im winterlichen Russland zu lösen. Dieser Schlepper wurde in Lizenz auch von anderen deutschen bzw. österreichischen Firmen für den Einsatz an der Ostfront nachgebaut.

Aufstieg zum wichtigsten Traktorenhersteller Österreichs

Erst nach dem Zweiten Weltkrieg machte sich Steyr-Daimler-Puch ernsthaft an die Entwicklung von Traktoren. Ähnlich wie in Deutschland bestand in Österreich ein hoher Nachholbedarf bezüglich der Ausstattung der vielen kleinen Bauernhöfe mit bezahlbaren Schleppern.

Der 13-PS-Schlepper Steyr 80 sollte die österreichischen Kleinbauern ab 1949 motorisieren. Von diesem in Blockbauweise gehaltenen Modell gab es verschiedene Variationen, so auch den Steyr 80a, der in Schmalspurbauweise oder mit Allradantrieb erhältlich war und über 15 PS verfügte.

Die Montageeinrichtungen seiner Lastkraftwagen ausnutzend, brachte Steyr-Daimler-Puch mit dem Modell 180 seinen ersten serienreifen Traktor auf den Markt. Dieser zeichnete sich durch Robustheit aus und verfügte mit 26 PS dank des selbstkonstruierten Zweizylinder-Dieselmotors über eine hohe Leistung.

Gerade für die kleinen Landwirtschaftsbetriebe war dieses Fahrzeug allerdings zu teuer. Als viel geeigneter für diese Klientel erwies sich das auch äußerlich nochmals überarbeitete Nachfolgemodell Steyr 80. Von gleicher Robustheit und Zuverlässigkeit, aber mit einem zunächst nur 15 PS leistenden Motor ausgerüstet, war das preiswerte Leichtgewicht ein Volltreffer und startete nichts weniger als die Mechanisierung der österreichischen Landwirte. Zeitweilig

Für landwirtschaftliche Großbetriebe produzierte Steyr ab 1952 den 60-PS-Traktor Steyr 280. Er kam mit gefederter Vorderachse, Getriebezapfwelle und Riemenscheibe. Fünf Jahre lang wurde er gebaut.

Dieser 36-PS-Steyr-Traktor von 1957 präsentiert sich noch im alten Design der 13er Reihe, ist aber bereits rot lackiert.

konnte Steyr-Daimler-Puch der hohen Nachfrage gar nicht nachkommen und die Kaufwilligen mussten sich gedulden, bis einer der universell einsetzbaren Ackerschlepper mit dem Spitznamen »15er« zum Abholen bereitstand. Mit zum Erfolg trugen jedoch auch die hohen Einfuhrzölle bei, mit der die österreichische Regierung die einheimischen Firmen vor ausländischer Konkurrenz abschirmte.

Steyr-Daimler-Puch baute die Schlepperpalette aus und bot von den jeweiligen Modellen zusätzlich Schmalspurvarianten an. Mit dem 60 PS starken Modell 280 – der Motor stammte aus den eigenen Lastwagen – richtete sich ab 1952 der bislang leistungsstärkste Steyr-Traktor direkt an Großbetriebe.

Die Nachfrage nach den Steyr-Schleppern steigerte sich im Laufe der 50er Jahre. Neben den inländischen Käufern kam ein zunehmend höher werdender Exportanteil hinzu. Besonders das Modell 84 a von 1956 mit einer Leistung von 18 PS war im Ausland gefragt. Die anfänglich grün lackierten Traktoren waren mittlerweile mit einem roten Anstrich versehen.

In den 60er Jahren wurden alle Typen überarbeitet. Eine neue sogenannte »Jubiläumsserie« (Steyr-Daimler-Puch feierte im Jahr 1964 sein 30-jähriges Bestehen) bestand aus Schleppern mit Leistungen von 28 bis 50 PS. Das Modell 190 war hierbei erstmals mit einem Allradantrieb ausgestattet. Die bisherige Formgebung der Motorhaube erfuhr ab dieser Reihe eine Modernisierung.

Der österreichische Konzern setzte in diesen Jahren weitere Akzente durch so innovative Entwicklungen wie schnelllaufende Dieselmotoren oder Wendegetriebe. Gegen Ende der 60er Jahre stellte Steyr-Daimler-Puch in der neuen Plus-Serie Motoren mit kraftstoffsparender Direkteinspritzungstechnik vor und bedachte die bislang oft vernachlässigten Fahrer mit erhöhtem Komfort bei der ergonomischen Gestaltung ihres Arbeitsplatzes. Aus dieser Reihe erwies sich der Steyr 760 mit seinem volllastbaren Getriebe als großer Erfolg; seine Produktion lief ganze sechzehn Jahre.

Neben Traktoren fertigte der Gesamtkonzern mittlerweile Autos, Lastwagen, Landmaschinen, Motorräder und weiterhin Waffen, darunter sogar Panzer.

In den 70er Jahren entwickelte Steyr-Daimler-Puch mit 120 bis 160 PS sehr leistungsstarke Traktoren für entsprechend große Landwirtschaftsbetriebe, die wiederum mit eigenen Lkw-Motoren bestückt waren. Auf den Komfort des Fahrers legte die neue Reihe 80 großen Wert, deshalb hielten nun Heizung und Klimaanlage Einzug in die Fahrzeuge.

Steyr als neue Traktorenmarke von Case New Holland

Im Jahr 1980 war die Steyr-Daimler-Puch AG zu Österreichs drittgrößtem Unternehmen emporgestiegen. Um die Wettbewerbsfähigkeit zu erhalten, folgten in den kommenden Jahren umfangreiche Rationalisierungs- und Umstrukturierungsmaßnahmen, in deren Verlauf immer mehr Produktionssparten verkauft oder in eigens gegründete Firmen ausgelagert wurden. Im Jahr 1987 geschah dies beispielsweise mit der Waffenproduktion.

Die Traktorensparte war von diesen Vorgängen ebenfalls betroffen und fand sich 1990 in der »Steyr Landmaschinen Technik GmbH« wieder, die ab 1996 zur Case Corporation gehörte. Case Corporation wiederum vereinigte sich drei Jahre später mit New Holland zum Konzern »Case New Holland (CNH)«, der seinen Sitz in Amsterdam hat, wodurch auch Steyr zu einer seiner Traktormarken wurde.

Aus der Jubiläums-Serie von Steyr stammte das Modell 190. Äußerlich wies er keine Ähnlichkeit mehr mit seinen Vorgängern auf. Sein wassergekühlter Dreizylinder-Viertakt-Diesel erzeugte 36 PS. Produziert wurde der Steyr 190 von 1964 bis 1966. (Foto: Kawarider901, © CC-BY-SA 3.0)

Die Steyr-Traktoren waren unterdessen – nach Vorbild von Deutz – mit Freisichthauben bestückt worden. Im Jahr 2000 erschienen die Schleppermodelle der CVT-Reihe, mit stufenlosem Getriebe und Leistungen zwischen 120 und 170 PS. Getoppt wurden sie vom Hochleistungstraktor CVT 6200, der sogar 200 PS zur Verfügung stellte. Das noch aus Zeiten der Waffenfabrik Steyr herrührende Gewehrvisier-Logo, das bislang alle Steyr-Schlepper verziert hatte, wich 2007 einem neutraleren Design.

Drei Jahre später führte Steyr mit der CVT-ecotech-Reihe eine Traktorserie ein, deren bis zu 269 PS starke Modelle über weiterentwickelte, umweltfreundlichere Motoren und stufenlose Getriebe verfügten.

Steyr-Traktoren hatten im neuen Jahrtausend ihre Spitzenstellung in Österreich behalten können, das Werk St. Valentin, in der seit den 50er Jahren die Ackerschlepper hergestellt wurden, hatte sich zur Europazentrale der gemeinsamen Landmaschinenproduktion von Steyr und Case IH gemausert.

Der alte Mutterkonzern Steyr-Daimler-Puch war unterdessen völlig in seine Einzelproduktionsbereiche aufgeteilt worden. Die letzte verbliebene Sparte, Fahrzeug- und Antriebstechnik, wurde bereits 1998 aufgekauft und ist unter der Bezeichnung »Magna Steyr« seit 2001 ein Teilkonzern von Magna International.

Der Steyr 1200 war ein in Blockbauweise gehaltener Traktor der Plus-Reihe. Seine Bauzeit lag zwischen 1972 und 1975. Er besaß einen wassergekühlten Sechszylinder-Motor mit Turboladung und Direkteinspritzung, dessen Leistung 115 PS betrug. (Foto: Ferd JDF, © CC-BY-SA 3.0)

Zu Beginn der 80er Jahre legte Steyr die Reihe 80 auf. Zu dieser gehörte auch das Schleppermodell Steyr 8070, das wahlweise mit Hinterrad- oder Allradantrieb zum Kauf stand. Seine Motorleistung bewegte sich zwischen 58 und 64 PS. Weitere Ausstattungsmerkmale waren eine Zweischeibentrockenkupplung sowie ein Synchrongetriebe.
(Foto: Joost J. Bakker, © CC-BY-SA 2.0)

Ebenfalls Teil der 80er Reihe war der Steyr 8090 aus dem Jahr 1983. Immerhin neun Jahre lang produzierte Steyr diesen 80 PS starken Traktor. Er verfügte zudem über 16 Vorwärts- und 8 Rückwärtsgänge.

Zur 9100er Reihe zählte der allradgetriebene Steyr 9105 MT. Gebaut von 1995 bis 2003, produzierte sein wassergekühlter Vierzylinder-Diesel mit Turbolader und Direkteinspritzung 105 PS. (Foto: Rene Tressl, © CC-BY-SA 3.0)

Der von 2004 bis 2007 gebaute Steyr 9200 M gehörte zur Mitte der 90er Jahre eingeführten 9000er Reihe. 97 PS bezog er von seinem wassergekühlten Vierzylinder-Dieselmotor. Auf der Abbildung zieht der 9200 M gerade eine Rundballenpresse von Claas. (Foto: 4028mdk09, © CC-BY-SA 3.0)

Im Jahr 2006 stellte Steyr das Modell 6195 der neuen CVT-Reihe vor. Sein wassergekühlter Sechszylinder-Motor mit Common-Rail-Einspritztechnik erzeugte 196 PS. Weitere Eigenschaften waren ein stufenloses Planetengetriebe sowie eine ebenfalls stufenlose Geschwindigkeitskontrolle. (Foto: © CNH Österreich GmbH)

Der allradgetriebene Steyr CVT 6160 erschien 2007 und besaß einen Sechszylinder-Motor mit 160 bis 183 PS, ein stufenloses Getriebe, eine unter Last schaltbare Vierfach-Zapfwelle und einen Traktor-Monitor, der Informationen über angebaute oder gezogene Maschinen anzeigte. (Foto: © CNH Österreich GmbH)

Zwischen 2003 und 2009 lag die Bauzeit des Steyr Profi 6115. Sein Sechszylinder-Diesel mit Turbolader und Ladeluftkühlung leistete bis zu 117 PS. (Foto: © CNH Österreich GmbH)

Der 2009 auf den Markt gebrachte Steyr CVT 6226 bezog 224 PS aus seinem wassergekühlten Sechszylinder-Diesel, in der Power-Plus-Variante sogar 251 PS. Auch dieses Modell besaß den nützlichen Traktor-Monitor und war allradgetrieben. (Foto: © CNH Österreich GmbH)

Ebenfalls zur Profi-Reihe gehörte der Steyr-Traktor 4130, der von 2007 an zwei Jahre lang gebaut wurde. 132 PS – in der Power-Plus-Version sogar 151 PS – stellte der Vierzylinder-Diesel mit Einspritztechnik, Turbolader und Ladeluftkühlung bereit. (Foto: © CNH Österreich GmbH)

Beim Heueinsammeln ist auf dieser Abbildung der allradgetriebene Profi 6140 zu sehen, den Steyr in den Jahren 2007 bis 2009 produzierte. (Foto: © CNH Österreich GmbH)

Auf einem von einem Blütenmeer gesäumten Weg fährt dieser Steyr 9085 MT. Das Modell wurde 2008 auf den Markt gebracht und besaß einen 86 PS starken wassergekühlten Vierzylinder-Motor mit Turboladung, Ladeluftkühlung und Direkteinspritzung. Zur Ausstattung zählte zudem eine Heckzapfwelle und eine hydrostatische Lenkung. (Foto: © CNH Österreich GmbH)

101 PS Leistung lieferte ein wassergekühlter Vierzylinder-Diesel dem ebenfalls im Jahr 2008 vorgestellten Steyr MT 9105. Außerdem besaß dieser Traktor eine vollverglaste Sicherheitskabine, die staub-, schwingungs- und staubreduziert war. Eine Klimaanlage gab es jedoch nur auf Wunsch. (Foto: © CNH Österreich GmbH)

Seit 2012 zu haben sind die Steyr-Traktormodelle 4055 und 4085 aus der Kompakt-Reihe. Die jeweilige Motorleistung von 55 bzw. 85 PS lässt sich der Modellbezeichnung entnehmen. (Foto: © CNH Österreich GmbH)

WAHL

Der kleine Ackerschlepperhersteller Wahl aus Südwestdeutschland war eigentlich vor allem ein regionaler Anbieter. Dennoch konnte man in zahlreichen Ländern auf die zwischen 1947 und 1962 produzierten Traktoren treffen, und das nicht nur in Europa.

Die Maschinenfabrik Karl F. Wahl

Zu Beginn der 20er Jahre machte im schwäbischen Balingen Karl Friedrich Wahl eine Werkstatt auf, in der er in den kommenden Jahren Kreissägen, Holzspaltmaschinen und Bandsägen herstellte. Mitte der 30er Jahre war Wahl dann einer der zahllosen kleinen Betriebe, die sich am Bau eines Ackerschleppers versuchten.

Seit dem Siegeszug des »Bulldog« von Heinrich Lanz und den Pionierleistungen von Deutz und Hanomag hatte die Mechanisierung der Landwirtschaft in Deutschland an Fahrt gewonnen und nach so manchen experimentellen Irrwegen in den Entwicklungen etwas von ihrem Exotenstatus eingebüßt. Dennoch war man hierzulande noch weit davon entfernt, die traditionelle Hand- und Zugpferdearbeit auf den Bauernhöfen durch motorisierte Schlepper abgelöst zu haben.

Vor allem mangelte es an kleinen, preisgünstigen Fahrzeugen für die kleinen Landwirtschaftsbetriebe, die es gerade im Süden Deutschlands, wo Wahl ansässig war, zuhauf gab. Diese Lücke wollte die Maschinenfabrik aus Balingen mit ihrem ersten Traktor, dem W 35, schließen helfen. Carl Wahl hatte für dieses Gefährt einen 20-PS-Motor von MWM und ein Getriebe mit vier Vorwärts- und einem Rückwärtsgang von ZF zugekauft und verbaut.

Obwohl dieser erste Wahl-Schlepper von 1935 also nicht bis zur letzten Schraube selbstentwickelt war, fand die Konstruktion Eingang in den Typenbeschränkungsplan der Nationalsozialisten, weshalb Wahl den W 35 bis zum Jahr 1942 bauen durfte.

Der Wahl W 15 von 1950 leistete 14 PS und ließ sich mit einer Bandsäge ausrüsten.

Konfektionsschlepper aus Balingen für die Region und die Welt

Aufbauend auf dem W 35, brachte Wahl 1947 den W 46 heraus, einen Ackerschlepper mit kantig erscheinendem Äußeren und einem 24-PS-Motor. Eher als sein Aussehen wies seine rahmenlose Bauweise in die Moderne. Dieser Traktor bildete den Anfang einer Serie, die der Balinger Schlepperbauer mit Beginn der 50er Jahre auflegte.

In dieser Zeit entstand eine breite Modellpalette an kleinen und mittleren Traktoren von 12 bis 40 PS. Unter diesen Schleppern fanden sich beispielsweise der W 15 mit 14 PS Leistung, der mit einer Bandsäge ausrüstbar war und sich deshalb für Kleinbetriebe mit angeschlossenem Forstbetrieb eignete, oder der 24 PS starke W 22, der sich an mittlere und größere Bauernhöfe richtete.

Die meisten Modelle produzierte Wahl sowohl als Version mit Wasserkühlung als auch mit moderner Luftkühlung. Obwohl die meisten Fahrzeuge aufgrund des beschränkten Vertriebsnetzes nur in der Region an den Landmann gebracht wurden, fand eine Anzahl von Wahl-Schleppern auch den Weg ins Ausland. Vor allem die leistungsstärkeren Modelle vom Schlag des W 40 mit seinen 40 PS waren gefragt in europäischen Ländern und sogar in der Türkei, Argentinien und Brasilien.

Präsentierten sich die frühen Modelle noch in Grau mit roten Felgen, lackierte Wahl seine späteren Modelle meist in Grün-Rot oder auch – John-Deer-like – in Grün-Gelb. Die Form der Haube gestaltete sich in den 50er Jahren viel gefälliger und auf der Höhe der Zeit. Dennoch gefiel sie wohl nicht allen, denn der Schweizer Importeur orderte die Wahl-Fahrzeuge ausdrücklich versehen mit den Traktorenhauben von Primus, was möglicherweise aber auch daran lag, dass er zuvor bereits Primus-Schlepper im Angebot gehabt hatte und Kontinuität im Erscheinungsbild wahren wollte.

Waren bisher diverse Motoren in die Schlepper verbaut worden, verwendete Wahl ab 1957 nur noch luftgekühlte Aggregate von Hatz. Mit einem Ausstoß von gerade einmal 300 bis 400 Traktoren pro Jahr hielt sich die Produktionszahl sehr in Grenzen. Wegen der Veränderungen auf dem Traktorenmarkt stellte sich schließlich für Wahl die Rentabilitätsfrage. Da diese nicht positiv beantwortet werden konnte, hörte der kleine Betrieb zu Beginn der 60er Jahre mit der Eigenfertigung von Schleppern auf. Stattdessen übernahmen die Balinger eine Zeit lang den Vertrieb der englischen David-Brown-Traktoren. Diese Geschäftsbeziehung endete allerdings, sobald Brown in Deutschland seine eigenen Niederlassungen zu gründen begann. Das zukünftige Produktangebot bestand deshalb nicht mehr aus Traktoren, wohl aber weiterhin aus Gerätschaften für die Landwirtschaft.

Der W 46 war 1947 der erste Traktor, der nach dem Krieg bei Wahl wieder gefertigt wurde.

Der W 40 stieß auch im europäischen Ausland auf Interesse, er wurde sogar nach Südamerika exportiert.

Später W 22 von 1957, immer noch mit 24 PS.

Der W 120 von 1960 mit 24 PS war eines der letzten Modelle, die bei Wahl noch gebaut wurden.

WESSELER

Mit der Montage von fertig bezogenen Einzelbauteilen zu sogenannten Konfektionsschleppern gelang es dem kleinen Betrieb aus Westfalen, eine Zeit lang erfolgreich den Markt der kleinen und mittleren Traktoren zu bedienen. Beliebt bei seinen Mitarbeitern wurde der Schlepperbauer auch für seine ausgeprägten Sozialleistungen, die in der »Wesseler-Siedlung« gipfelten.

Der Wesseler 20 PS wurde von 1948 bis 1951 gebaut. (Foto: © Schlepper- und Gerätemuseum Altenberge)

Gründung einer Landschmiede in Altenberge

Im Jahr 1879 verließen die beiden Brüder Bernhard und Anton Wesseler die väterliche Landschmiede in Darup im Münsterland, in der sie ihren Beruf erlernt und ausgeübt hatten, um sich selbständig zu machen. Im nordöstlich von Darup gelegenen Altenberge in der Kümperheide fanden sie ein Grundstück mit Gebäude, das sie zu einer eigenen Landschmiede ausbauten.

Während sie mit der Schmiede ihr Einkommen sicherten, diente die Bewirtschaftung des Landes der Selbstversorgung. Die Lage des Betriebs direkt an einer alten Verkehrsstraße von Münster nach Holland war gut gewählt und trug sicherlich zum wirtschaftlichen Erfolg bei.

Bernhard Wesselers Sohn Heinrich trat 1911 in das Geschäft ein und übernahm es später. Die Schmiede veränderte sich aufgrund der zunehmenden Mechanisierung in der Landwirtschaft im Laufe der Jahre zu einem landtechnischen Betrieb, an den zusätzlich ein Ladengeschäft für Haushaltswaren angeschlossen war.

Ein Traktor zum Eigenbedarf geht in Kleinserie

Die Mechanisierung der Landwirtschaft in Deutschland gewann in den 20er Jahren – nicht zuletzt durch den »Lanz-Bulldog« – an Fahrt. Einen weiteren Schub erhielt sie in den 30er Jahren, obwohl die Nationalsozialisten zunächst noch Pferde als Zugmittel bevorzugten. Als letztlich die Bedeutung der Motorisierung auch für die

Landwirtschaft erkannt und daraufhin gefördert wurde, begann sich infolgedessen in Deutschland eine Fülle von meist kleinen Schlepperherstellern zu tummeln, die sich ein Stück vom zu erwartenden Kuchen abschneiden wollten.

Die »Heinrich Wesseler oHG« gehörte ebenfalls zu diesen Betrieben, obwohl der erste Traktor, an dem sich die Firma in den Jahren 1935 und 1936 versuchte, der Eigenverwendung und noch nicht kommerziellen Zwecken diente. Dieser Schlepper hatte eine Leistung von 12 PS, die er von einem Einzylinder-Deutz-Dieselmotor mit Verdampferkühlung bezog, und war in Rahmenbauweise gefertigt. Wesseler erprobte den Traktor zunächst und entwickelte ihn in den kommenden beiden Jahren weiter.

Nach dem Bau einer größeren Werkstatt in Altenberge stellte Wesseler ab 1938 den Schlepper in Kleinserie her. Bis zum Krieg entstanden in Handarbeit ca. Traktoren für regionale Abnehmer.

Konfektionsschlepper aus Westfalen

1948 stellte Wesseler sein erstes Nachkriegsmodell her, einen Traktor mit 22 PS Leistung, gefertigt in Blockbauweise. Diesem folgten bald weitere nach, die in diesen Anfangsjahren lediglich nach ihrer PS-Zahl benannt wurden. Statt Deutzmotoren setzte der Schlepperbauer zunehmend auf wassergekühlte MWM-Aggregate, die Anfang der Fünfziger durch luftgekühlte ergänzt und gegen Ende des Jahrzehnts ganz durch diese ersetzt wurden.

Wesseler stellte die einzelnen Bauteile seiner Traktoren nicht selber her, sondern war das, was man einen »Konfektionsschlepperbauer« nennt. Motoren, Getriebe, Räder und andere Bauteile wurden fertig von anderen Firmen bezogen, dann zusammengebaut, mit eigenem Rahmen und Blechteilen versehen und am Schluss lackiert.

Von der zunehmenden Nachfrage nach kleinen und mittleren Traktoren in diesen Jahren profitierte auch Wesseler, und so gelang es ihm, ein verhältnismäßig breites Modellangebot auf die Räder zu stellen. Ab 1953 bekamen die Schlepper genauere Modellbezeichnungen, die nicht nur die jeweilige PS-Leistung verrieten, sondern zudem Auskunft über die Kühlungsart des Motors und den Radstand gaben. Die Leistungen der Traktoren bewegten sich zwischen 12 und 40 PS. Vom kleinsten Modell, dem W 12, wurden jedoch lediglich 36 Stück gefertigt, der stärkere W 24 hingegen verkaufte sich beinahe acht Jahre lang. Größter Schlepper war der WL 340 E, der mit seinem 40 PS starken Dreizylinder-Viertakt-MWM-Motor von 1960 bis 1966 angeboten wurde.

Um die Nachfrage bewältigen zu können, lockte Wesseler durch ausgeprägte Sozialleistungen neue Mitarbeiter für den Schichtbetrieb an. Zu diesen Leistungen gehörten bebaubare Grundstücke und Mehrfamilienmietshäuser für die Arbeiter, gelegen in der vom Volksmund so genannten »Wesseler-Siedlung«.

In den Boomjahren gingen die Traktoren aus Altenberge sogar in den Export, und zwar in die Benelux-Staaten. Dort wurden sie unter phantasievolleren Namen wie »Feldmeister« oder »Ackermeister« vermarktet.

Aus der Schlepperwerkstatt wird ein Schleppermuseum

In den für die Traktorbranche krisenhaften 60er Jahren machte der zunehmende Konkurrenz- und Kostendruck Wesseler zu schaffen. Dennoch gelang es dem kleinen Betrieb, seine Schlepperfertigung bis 1966 aufrecht zu erhalten. Um weiter konkurrenzfähig bleiben zu können, wären jetzt hohe Investitionen – zum Beispiel zur Produktautomatisierung – nötig gewesen. Über diese Finanzmittel verfügte Wesseler nicht, deshalb stellte er die Traktorproduktion in diesem Jahr ein.

Für den Betrieb an sich war dies allerdings noch keinesfalls das Ende. Als Vertriebswerkstatt von Fiat existierte die Firma unter den Söhnen des 1966 verstorbenen Heinrich Wesseler noch bis 1988 weiter, belieferte die Landwirte der Umgegend mit Maschinen und bot einen Reparaturservice an.

Heute befindet sich in den ehemaligen Betriebsgebäuden von Wesseler ein Schlepper- und Gerätemuseum, in dem Interessierte u. a. die erstaunliche Vielfalt der Wesseler-Traktoren erkunden können.

Wesseler W 17, wassergekühlt, 1954 bis 1956. (Foto: © Schlepper- und Gerätemuseum Altenberge)

Der Wesseler W 346 E von 1962 kam am Markt offensichtlich nicht so recht an, er wurde lediglich ein Jahr lang gebaut. (Foto: © Schlepper- und Gerätemuseum Altenberge)

ZANKER

Zu den ungewöhnlichsten Geschichten der Traktoren made in Germany gehört sicherlich die um den Einstieg des Waschmaschinenherstellers Zanker aus Tübingen in den Ackerschlepperbau.

Ein Waschmaschinenhersteller schnuppert Landluft

Im Jahre 1888 von Immanuel Zanker als Metallwarenfabrik in Tübingen gegründet, brachte der Betrieb seinerzeit Wirtshausschilde, Bettflaschen und Kutscherlaternen aus eigener Fertigung unter die Leute.

Zu Beginn des 20. Jahrhunderts übernahm Hermann Zanker die Fabrik und benannte sie um in »Zanker Maschinen- und Metallwarenfabrik«. Den großen Durchbruch konnte Zanker in den 30er Jahren mit der Herstellung von motorgetriebenen Waschmaschinen feiern, für die das Unternehmen weit über die Region hinaus bekannt wurde. Nach dem Zweiten Weltkrieg verbreiterte Zanker seine Produktpalette und stellte neben Waschmaschinen nun zusätzlich Kühlschränke, Geschirrspül- und Bügelmaschinen sowie Heizgeräte her.

Die Verbindung zur Landwirtschaft fand jedoch noch während des Krieges statt. Zanker fertigte Holzgasgeneratoren für Schlepperhersteller, die zu dieser Zeit noch produzieren durften, vor allem für die Firma MIAG. In den Endvierziger Jahren ahnte der Tübinger, dass in der Landwirtschaft eine Motorisierungswelle bevorstand, und beschloss, am zu erwartenden Boom mit zu profitieren.

Quasi aus dem Nichts heraus – denn außer der erwähnten Holzgasgeneratorfertigung war Zanker natürlich branchenfremd – entwickelte und baute das Unternehmen, das in den folgenden Jahren zum größten Arbeitgeber in der Universitätsstadt werden sollte, 1949 einen fortschrittlichen Traktor, bei dem alles aus eigener Fertigung kam, sogar Motor und Getriebe, und der sich vor den Mitbewerbern nicht zu verstecken brauchte.

Bautz zeigt sich interessiert

Der Zanker M 1 besaß einen Einzylinder-Zweitakt-Dieselmotor mit Direkteinspritzung und 1020 cm³ Hubraum. Er leistete zwischen 12 und 14 PS, erreichte eine Höchstgeschwindigkeit von 17,7 km/h und war ohne Zündhilfe startbar. Der Tübinger Hersteller verkaufte diesen Motor sogar an den ein oder anderen Mitbewerber. In Blockbauweise gefertigt, gehörte zur weiteren Ausstattung des M 1 eine Thermosiphonkühlung sowie eine elektrische Lichtanlage.

Was den Verkauf des Zanker-Kleinschleppers behinderte – mehr als hundert M 1 wurden unter Zankers eigener Regie nicht gebaut –, waren das Fehlen eines Vertriebsnetzes und der verhältnismäßig hohe Preis, der aufgrund der hohen Entwicklungskosten nicht niedriger hatte gestaltet werden können. Möglicherweise zweifelten einige potentielle Kunden auch an der Kompetenz eines Waschmaschinenherstellers auf dem Traktorsektor. Weil zudem Zanker selber in diesem Metier nicht so recht heimisch werden wollte, nahm er die Gelegenheit wahr und verkaufte seine Konstruktionsunterlagen an die Firma Bautz, die seinerzeit ebenfalls in den lukrativen Schleppermarkt einsteigen wollte. Bis 1950 baute Zanker den M 1 für Bautz als B 14 AS und lieferte ihn nach Saulgau, wo die Bautz-Logos hinzugefügt wurden. Zeitweise war der Kleinschlepper auch noch unter Zankers eigenem Namen erhältlich.

Der Zanker M 1 war eine vollständige Eigenkonstruktion des Waschmaschinenherstellers, die sich vor Konkurrenzprodukten keineswegs zu verstecken brauchte. (Foto: Sammlung Gebhardt)

Als dann Bautz mit seinem eigenen Traktor herauskam, wurde die Geschäftsbeziehung aufgelöst. Eine Weile noch stellte Zanker einige M-1-Schlepper her, dann beendete das Tübinger Unternehmen seinen Ausflug in die Welt der Landwirtschaft.

Zanker selber nahm trotzdem Teil am Aufschwung der Wirtschaftswunderzeit, und zwar mit seinen traditionellen Produkten. 1971 beteiligte sich AEG-Telefunken an Zanker. Als AEG zehn Jahre später in wirtschaftliche Bedrängnis geriet, war auch Zanker davon betroffen und gab seine Waschmaschinenherstellung ab. Die vorläufige Rettung erfolgte 1985, als Zanker von der schwedischen Firma Elektrolux übernommen wurde, die ihren Deutschlandsitz in Nürnberg hat.

1993 fand dann doch noch die Stilllegung des Werkes in Tübingen statt. Heute ist Zanker eine Marke von Elektrolux und hat ein vielfältiges Sortiment an Küchengeräten im Angebot.

ZETTELMEYER

Für eine kurze Zeit war Zettelmeyer sehr erfolgreich mit seinen Traktoren. Doch der Betrieb begann seine Produktion einst mit Dampfwalzen für den Straßenbau und endete konsequenterweise auf ähnlichem Gebiet – nämlich in der Baumaschinensparte eines bekannten schwedischen Konzerns.

Mit dem Zettelmeyer Z 1 gelang dem Baumaschinenspezialisten ab 1935 ein überraschender Erfolg auf dem Schleppermarkt.

Maschinen für den Straßenbau

Hubert Zettelmeyer wurde 1866 in Niederbachem bei Bonn geboren. Obwohl er auf dem bäuerlichen Anwesen des Vaters groß wurde, zog es den jungen Mann beruflich in eine andere Richtung, nämlich in die Baubranche. 1897 gründete er nach dem Kauf einer Dampfmaschine für den Straßenbau in Konz bei Trier ein eigenes Unternehmen. Zwei Jahre lang fuhr Zettelmeyer die Maschine selber und half mit, die Kommunalstraßen im Rheinland auszubessern, bevor er sich fortan ausschließlich um die geschäftliche Leitung seines Betriebes kümmerte.

Zu Beginn des neuen Jahrhunderts erweiterte Zettelmeyer sein Geschäft um eine Reparaturwerkstatt, die es ihm ermöglichte, Dampfmaschinen zusätzlich zu warten. Kurz darauf übernahm er den Vertrieb von Dampf- und Dreschmaschinen der englischen Firma Clayton & Shuttleworth. Einige Maschinen dieser Firma hatten bereits seit geraumer Zeit seinen eigenen Fuhrpark erweitert.

Die Werksvergrößerung im Jahr 1905 sowie der Bau einer Montagehalle drei Jahre später bildeten schließlich das Vorspiel zur Herstellung der ersten selbstkonstruierten Dampfwalze mit Namen Zettelmeyer im Jahr 1910. Das Unternehmen wurde zu einem Begriff in diesem Geschäftszweig, sodass selbst die kaiserliche Armee im folgenden Weltkrieg an der Westfront nicht auf Dampfwalzen aus dem Hause Zettelmeyer verzichten mochte. Zum Glück für die Firma blieben diese Maschinen, von denen ein Großteil immer noch aus englischer Fertigung stammte, unversehrt und standen nach dem Krieg wieder zur Verfügung.

Bis Ende der 20er Jahre baute und verkaufte Zettelmeyer weiter Dampfwalzen, die anschließend durch die brandneuen Motorstraßenwalzen – ebenfalls aus eigener Fertigung – abgelöst wurden. Der anhaltende Geschäftserfolg führte 1925 zur Umwandlung des Unternehmens in eine Aktiengesellschaft. Zettelmeyer gründete Filialen im ganzen Reichsgebiet.

Acker- und Straßenschlepper als zweites Standbein

1934 übernahm Zettelmeyer eine in Konkurs gegangene Trierer Eisengießerei samt Maschinenfabrik und verlegte diese nach Konz. Nach wie vor verkaufte die Firma nicht nur Motorstraßenwalzen, sondern unterhielt zudem selber eine Straßenbauabteilung.

Zur gleichen Zeit reifte bei Zettelmeyer Junior, der seit dem Tod des Firmengründers vor vier Jahren das Unternehmen leitete, der Entschluss, in den aufstrebenden Schleppermarkt einzusteigen. 1935 wurden diese Pläne mit dem Z 1 realisiert, dem ersten Zettelmeyer-Dieselschlepper. Während das Getriebe mit seinen vier Vorwärtsgängen und einem Rückwärtsgang aus eigener Herstellung stammte, wurde der wassergekühlte 20-PS-Zweizylinder-Motor von Deutz bezogen. Dieser ermöglichte eine Spitzengeschwindigkeit von 16 km/h. Zettelmeyer ergänzte den Z 1 um eine Schleppervariante für die Straße mit der Bezeichnung Z 2, die erstmals in ihrer Klasse in rahmenloser Bauweise ausgeführt war.

Die beiden Schlepper besaßen wie ein Auto jeweils vier gleich große Räder. Die Zuglast des Z 1 war so hoch, dass er nicht nur für die Landwirtschaft interessant war, sondern auch in der Forstwirtschaft und im Güternahverkehr Verwendung fand. Beide Traktoren gerieten für Zettelmeyer völlig unerwartet zu einem so großen Erfolg, dass die neuen Produkte bald die Hälfte des Gesamtumsatzes erwirtschafteten und das Werk expandieren konnte.

Auf Basis des Z 1 stellte Zettelmeyer während des Zweiten Welt-

kriegs Traktoren mit Holzgasbetrieb her, bis 1944 ein sehr schwerer Bombenangriff den Großteil der Werksanlagen in Konz unter Trümmern begrub.

Neuauflage des Schlepperprogramms gerät zum Flop

Wegen der immens starken Kriegsbeschädigungen der Maschinenhallen ließ ihre Wiedererrichtung bis mehrere Jahre nach Kriegsende auf sich warten. Erst seit 1950 verließen wieder neue Traktoren die Zettelmeyer-Werkstätten. Wie andere Schlepperbauer auch, setzte die Firma auf ihre zuletzt produzierten Vorkriegs-Erfolgsmodelle. Der Z 1 wurde mit einem stärkeren Deutzmotor versehen, der nun 25 PS leistete und bis zu 21 km/h schnell fuhr. Serienmäßig war er mit Mähwerk, Seilwinde und Zapfwelle zu haben. Ebenso reaktivierte Zettelmeyer den Straßenschlepper Z 2. Doch obwohl sich die beiden Traktoren nicht nur bezüglich ihrer technischen Werte überarbeitet zeigten, sondern dem Betrachter durch die abgerundeten Motorhauben einen moderneren Anblick boten, gelang dem Konzern kein großer Wurf. Was Zettelmeyer im Baumaschinenbereich u. a. mit den sehr erfolgreichen Muldenkippern und Hubladern gelang, verfing im Landwirtschaftsbereich nicht. Als Folge stellte Zettelmeyer in den 50er Jahren den Traktorbau ganz ein und konzentrierte sich stattdessen auf den Ausbau seiner nicht nur im Inland gefragten Baustellenfahrzeuge.

1955 erhielt Peter Zettelmeyer, der Sohn des Firmengründers, sogar das Bundesverdienstkreuz. Das Unternehmen war bekannt für seine besonderen und freiwilligen Sozialleistungen. Zusätzlich war es mitbeteiligt am Bau der Riveristalsperre, mit deren Hilfe die Trinkwasserversorgung der Stadt Trier sichergestellt wurde.

Übernahme durch starke Schweden

Die für die Firma Zettelmeyer wirtschaftlich schwierigen Zeiten ab Mitte der 60er Jahre zogen 1975 ihren Aufkauf durch den IBH-Baumaschinenkonzern nach sich. Zettelmeyer sollten in den Folgejahren noch weitere angeschlagene Firmen nachfolgen, die alle bei IBH unterschlüpften, so auch die Traktorenbauer Hanomag und HELA. Zu Beginn der 80er Jahre kam IBH jedoch selber in ernste Schwierigkeiten und musste 1983 Konkurs anmelden. Der Gründer der IBH-Holding kam sogar vor Gericht und wurde wegen Betrugs und Konkursverschleppung zu Geldstrafen und Gefängnishaft verurteilt.

Zettelmeyer – seit 1984 unter dem Namen »Zettelmeyer Baumaschinen GmbH« – wechselte daraufhin abermals den Besitzer, und dies nicht zum letzten Mal. Nach den Stationen Harms und Eder noch in den Achtzigern begann Anfang der 90er Jahre der schwedische Konzern Volvo sukzessive mit dem Aufkauf der Zettelmeyer-Aktien, bis die deutsche Firma schließlich ganz in deren Besitz überging. Die Schweden integrierten die Baumaschinensparte des Unternehmens gekonnt in ihr eigenes Programm und übernahmen gleichzeitig die Werksanlagen, die bereits in den 80er Jahren aus der Innenstadt Konz in den Stadtteil Könen verlegt und dort zusammengefasst worden waren. Als wichtigster Arbeitgeber der Region hat Volvo hier das Erbe Zettelmeyers angetreten. Der Name Zettelmeyer hingegen verschwand vom Markt.

Die Straßenvariante des Z 1 hieß Z 2. (Foto: © Ralf Weinreich)

Nach dem Krieg überarbeitete Zettelmeyer seine beiden Traktoren-Modelle, doch weder mit dem neuen Z 1 ... (Foto: Sammlung Gebhardt)

... noch mit dem ab 1948 angebotenen Z 2 gelang es, an die alten Erfolge anzuknüpfen. So hatte sich das Unternehmen aus Konz insgesamt nur an zwei Traktoren-Baureihen versucht, bevor es schon in den 50er-Jahren die Schlepperproduktion wieder einstellte. (Foto: © Ralf Weinreich)

WEITERE DEUTSCHE ANBIETER VON ACKERSCHLEPPERN

Ab den 20er und 30er Jahren und dann noch einmal in den 50er Jahren schossen in Deutschland unzählige, oft kleine und kleinste Schlepperbetriebe aus dem Boden und beteiligten sich mit an der Motorisierung der deutschen Landwirtschaft. Zusätzlich zu den bereits vorgestellten Firmen soll hier eine Auswahl weiterer, meist kleiner Traktorenbauer kurz porträtiert werden, denen entweder bloß regionale Bedeutung zukam, die zeitlich nur begrenzt tätig waren, sich auf Schlepper für Nischenbereiche spezialisiert hatten oder für die Traktoren nicht das Hauptgeschäft darstellten.

Der Deuliewag DA 32 von 1938 leistete 30 PS. (Foto: Sammlung Gebhardt)

Deuliewag Record D 25 von 1950 mit vier gleich großen Rädern und weit vorn liegendem Motorblock. (Foto: Sammlung Gebhardt)

Deuliewag

1929 von Dr. Friedrich Wilhelm Jeroch in Berlin-Tegel als Zweigbetrieb der Borsig-Werke (Produktion von Dampfloks) gegründet, stellte die »Deutsche Lieferwagen Gesellschaft« (Deuliewag) im Laufe der 30er Jahre vor allem Straßen- und Ackerschlepper her. Behielt der DA 13 mit seinem Junkers-Motor noch seinen Prototypen-Status, so änderte sich dies beim nachfolgenden DA 28 aus dem Jahr 1936; dieser wurde mit seiner Blockbauweise und dem Zweizylinder-Güldner-Motor serienmäßig gefertigt. Alle weiteren Vorkriegstraktoren von Deuliewag bekamen einen Dieselmotor von Güldner, darunter der 30 PS starke DA 32 von 1938, dessen besondere Ausstattung (Seilwinde und Bodenstützen) ihn auch für die Forstwirtschaft empfahl. Diesen ergänzte ein Jahr später der nur 20 PS leistende DA 20.

Dank der Aufnahme in den Typenbegrenzungsplan der Reichsregierung produzierte Deuliewag auch noch im Krieg Traktoren, allerdings solche mit Holzgasantrieb: Der AZ 25 war ein Gemeinschaftsprodukt mit dem bisherigen Motorenlieferanten Güldner.

Nach dem Krieg zog Deuliewag aus dem kriegszerstörten Berlin fort, zuerst nach Lübeck, dann weiter nach Hamburg. Ab 1948 entstanden wieder Deuliewag-Straßen- und -Ackerschlepper. Die Traktoren waren äußerlich neu gestaltet; an ihnen fiel besonders das Lufteinlassgitter an der Motorhaube auf, das an die Frontgestaltung von BMW-Automobilen erinnerte.

Den mit Deutz- und Güldnermotoren ausgerüsteten Modellen D 24 (22/24 PS) und D 30 (28/30 PS) folgten 1949 der leichte Schlepper D 15 (15 PS) und der schwere D 35 (36/38 PS) nach. In beiden steckte erstmals ein Motor von MWM.

Die Traktoren von Deuliewag waren robust und technisch »up to date«. Dies unterstrichen die Allzweckschlepper D 240 und besonders »Record D 25« von 1950. Letzterer besaß überraschenderweise vier gleich große Räder und Allradantrieb. Doch die in Kleinserie hergestellten Traktoren waren zu teuer, was auf die Absatzzahlen drückte. Deshalb stellte das Unternehmen 1952 den Schlepperbau ein.

Deuliewag-Prospekt: Mit dem DA 13 versuchte Deuliewag erstmals, auf dem Schleppermarkt Fuß zu fassen. (Foto: Sammlung Gebhardt)

FAMO

Die »Fahrzeug- und Motoren-Werke GmbH« (FAMO) wurde 1935 vom Flugzeughersteller Junkers in Breslau gegründet. Die ersten beiden schweren Traktoren, die das Werk herstellte, waren die Raupenschlepper »Rübezahl« mit 60 und 65 PS, »Boxer« mit 42 bzw. 45 PS sowie ab 1940 der mit 100 PS ungemein leistungsstarke »Riese«. Neben dem Landwirtschaftsbereich kamen diese Fahrzeuge auch in der Forstwirtschaft, im Straßenbau und bei der Erschließung von Mooren zum Einsatz.

Zum weiteren Programm von FAMO zählten Dieselmotoren, nicht nur solche für Traktoren, sondern auch Aggregate für Schiffe und Flugzeuge. Erst ab 1940 wurden alle Erzeugnisse des Betriebs ganz auf die Herstellung von Fahrzeugen ausgerichtet.

FAMO wollte es nicht bei Raupenschleppern belassen, sondern auch einen Fuß in den Markt von Radschleppern setzen. Dabei dachte das Unternehmen jedoch nicht an die vielen, zur damaligen Zeit noch ganz auf die Leistung von Pferden und ihrer eigenen Arbeitskraft angewiesenen Kleinbauern, sondern an die großen Landwirtschaftsbetriebe im Osten des Deutschen Reichs. Zu diesem Zweck entstand 1938 in Breslau der schwere Radschlepper XL mit 42 PS Leistung, die er aus einem Vierzylinder-Vorkammer-Dieselmotor bezog. Dieser bewährte sich zwar sehr gut, kam aber für das ganz große Geschäft zu spät auf den Markt, da der Zweite Weltkrieg vor der Tür stand.

Bis 1942 durfte der XL-Radtraktor weitergefahren werden, da FAMO im Schell-Typenbegrenzungsplan Berücksichtigung fand. Der Raupenschlepper »Rübezahl« wurde anschließend auf Holzgasbetrieb umgestellt, um so bis Kriegsende weiter benutzt werden zu dürfen.

Die besondere Verwendung von FAMO während des Zweiten Weltkriegs fand auf dem Gebiet der schweren Zugschlepper für die Wehrmacht statt. Das Sd.Kfz. 9 war hierbei die größte und schwerste Zugmaschine. Nach der Beschlagnahmung von polnischen Betrieben fand im neuen Warschauer Werk von FAMO die Produktion des Sd.Kfz. 124 (»Wespe«) statt, eines schweren Geschützes auf Selbstfahrlafette. In Breslau entstand aus FAMO und dem polnischen Traktorenhersteller URSUS die »Warschauer Vereinigte Maschinenfabriken GmbH« (Waverma).

Als die Rote Armee immer näher rückte, wurde ein Teil von FAMO nach Schönebeck an der Elbe in das dortige Junkerswerk verlegt, das nach Einnahme durch die Sowjets demontiert wurde. Ein Teil der Anlagen in Breslau dagegen war gegen Kriegsende zum größten Teil zerstört, der Rest stand aufgrund der Abtrennung der Ostgebiete von Deutschland ohnehin nicht mehr zur Verfügung. Über die weitere (Nachkriegs-)Geschichte des Schönebecker Traktorenwerks siehe das Kapitel »IFA« über DDR-Traktoren.

Der Raupenschlepper Rübezahl leistete 60 bzw. 65 PS. (Foto: Sammlung Gebhardt)

Mit der Leistung von damals wahrhaft stolzen 100 PS machte der Raupenschlepper Riese seinem Namen alle Ehre. (Foto: Sammlung Gebhardt)

FAMO-Ackerschlepper XL von 1938. (Foto: Sammlung Gebhardt)

Der Kleinraupenschlepper DE 52 SL, den Hummel 1952 herausbrachte, verfügte über 10 PS. (Foto: Sammlung Gebhardt)

Den Hummel DT 54 gab es mit Stamo- (356 cm³, 9 PS) oder mit Fichtel-&-Sachs-Motor (500 cm³, 10 PS).

In den 60er-Jahren baute das Heitersheimer Hummel-Werk auch knickgelenkte Schlepper wie den Duplo Trac A 12. (Foto: Sammlung Gebhardt)

Hummel

Der Landmaschinenhersteller Hummel aus Heitersheim im Schwarzwald hatte eine lange Tradition. Heinrich Hummel hatte bereits 1872 damit begonnen, in seiner vom Vater übernommenen Dorfschmiede eigene Dampfdreschmaschinen zu basteln. Als sein Sohn Anton Hummel 1907 seine eigene Werkstatt eröffnete, unterhielt er neben dieser zusätzlich eine Lohndrescherei.

Nach dem Ersten Weltkrieg verlegte sich Anton Hummel stattdessen auf den Handel mit Landmaschinen jedweder Art. Im Jahr 1921 traten seine Söhne ins Geschäft ein, das nun unter dem Namen »Anton Hummel & Söhne, Maschinenfabrik Heitersheim« firmierte. In dieser Zeit erweiterte Hummel sein Produktangebot um selbstentwickelte Elektromotoren.

Dem Zusammenbruch des Dritten Reiches 1945 folgte die beinahe völlige Demontage der Maschinen bei Hummel, sodass ein vollständiger Neuaufbau notwendig wurde. Die Leitung der Firma lag inzwischen in den Händen von Ludwig Hummel, einem der Söhne des Firmengründers. Mit dem mühsamen Neuaufbau mit veralteten Maschinen ging die schrittweise Ausweitung der Produktpalette einher: Hummel produzierte wieder Elektromotoren, Pumpen, Häckselmaschinen, Rübenschneider, Schrotmühlen – und einen 6-PS-Motormäher, der sich erfolgreich verkaufte.

1950 brachte der Schwarzwälder Familienbetrieb erstmalig einen Einachsschlepper auf den Markt, der zuerst mit Benzin-, später mit Zweitaktdieselmotoren von Fichtel & Sachs, ILO und Stihl ausgerüstet war. Der Einachsschlepper DS 53 von 1953 konnte sogar zu einem Kleintraktor ausgebaut werden mit Fahrersitz und einem Steuerrad zum Lenken.

1954 stellte Hummel seinen ersten Vierradschlepper vor, den DT 54, der über einen 10-, später 12-PS-Dieselmotor verfügte. Als Besonderheit konnte sowohl ein Seiten- als auch ein Frontmähwerk angebaut werden.

Hummel erweiterte sein Angebot in den kommenden Jahren um neue Einachser, Kleintraktoren mit stärkeren Motoren, Schmalspurschlepper und Knicklenker. Die Getriebe stammten jeweils aus eigener Fertigung. Sogar ein Raupenfahrzeug für den Weinbau fand sich in Hummels Programm.

Ende der 60er Jahre war die Situation jedoch auch für den Schwarzwälder Betrieb, dessen Produktverbreitung weitestgehend im regionalen Rahmen geblieben war, nicht mehr länger tragbar angesichts der zunehmenden Konkurrenz und der Firmenzusammenschlüsse auf dem Landmaschinensektor. Die Firma Anton Hummel gab den Traktorenbau auf.

Kaelble

Einige wenige Jahre vor dem Zweiten Weltkrieg und dann noch einmal in den Siebzigern und Achtzigern beschäftigte sich die vor allem wegen ihren schweren Zugmaschinen, Raupen, Straßenwalzen und Lkw bekannte Firma »Carl Kaelble« auch mit Traktoren.

1884 in Stuttgart-Cannstatt als Reparaturwerkstatt für Gerberei- und Dampfmaschinen gegründet, produzierte Kaelble nach dem Umzug ins nördlich von Stuttgart gelegene Backnang ab den 1890er Jahren selber Maschinen, Geräte und Fahrzeuge. Die Produktpalette wurde ständig vergrößert um fahrende Bandsägen und Steinbrecher, Motorstraßenwalzen, schwere Zugmaschinen (im Ersten Weltkrieg für die Artillerie), Straßenzugmaschinen, Lastkraftwagen und Dieselmotoren.

Nachdem geeignete selbstkonstruierte Zwei- und Dreizylinder-Diesel mit 30 PS Leistung vorhanden waren, versuchte sich die »Carl Kaelble GmbH« ab 1932 auch an schweren Traktoren für die Landwirtschaft, wobei die Firma in erster Linie die großen Landwirtschaftsbetriebe in den Ostprovinzen des Deutschen Reichs im Auge hatte.

Z 2 A, Z 3 A und der in zwei Varianten erhältliche Z 2 AS (einsetzbar als Acker- wie als Straßenschlepper) waren die Bezeichnungen der schweren, mit Eisenreifen versehenen Traktoren. Weitere Modelle waren ausschließlich als Straßenschlepper gedacht. Doch die Acker-Fahrzeuge bewährten sich aufgrund ihres Gewichts nicht so wie erhofft. Weil Kaelble genug Aufträge für Straßenzugmaschinen erhielt, wurde der Bau von Ackerschleppern bald wieder eingestellt.

Erst in den 70er Jahren brachte Kaelble mit den schweren Raupenschleppern PR 12 und PR 14 M zwei weitere Fahrzeuge auf den Markt, die u. a. auch im Landwirtschaftsbereich verwendbar waren. Der schwäbischen Firma wurde jedoch ein Großauftrag der libyschen Armee zum Verhängnis, der die Vernachlässigung anderer Produktionsbereiche und dadurch Marktverluste nach sich zog. Schon in den 60er Jahren hatte sich Kaelble von seiner Lkw-Fertigung getrennt, in den folgenden Jahren kam es zur Aufgabe weiterer Produktionsbereiche, z. B. 1983 von Straßenwalzen und 1986 von Planierraupen.

In den 90er Jahren ging das Unternehmen aus Backnang als Spätfolge des Libyen-Abenteuers in Konkurs, wurde später dann zuerst vom US-amerikanischen Baumaschinenkonzern »Terex« übernommen, anschließend von der deutschen Firma »Atlas Maschinen GmbH« und produziert seither Rad- und Frontlader.

Mit dem 30 PS starken Ackerschlepper Z 2 A versuchte Kaelble sich ab 1932 an schweren Traktoren für die Landwirtschaft. (Foto: Bodo Brennecke, Sammlung Gebhardt)

1939 nahm Kaelble noch den Raupenschlepper PR 125 ins Programm, der sich aber auch mit seinen 150 PS nicht am Markt durchsetzen konnte.

Kelkel

In der Stadt Asperg bei Stuttgart gründeten die Brüder Josef und Gottfried Kelkel zu Beginn der 30er Jahre einen Betrieb zur Produktion von Fahrzeugen. Nachdem sie bereits ein- und zweiachsige Anhänger für die Landwirtschaft auf den Markt gebracht hatten, stiegen sie 1937 auch in die Herstellung von Traktoren ein – zu einem Zeitpunkt, als sie eine von vielen Firmen waren, die sich vom erhofften Schlepper-Aufschwung eine Scheibe abzuschneiden gedachten. Doch die Kelkel-Brüder hatten nicht das Glück, zu den vom Schell-Plan bevorzugten Firmen zu gehören, und mussten deshalb bereits zwei Jahre später mit dem Ausbruch des Zweiten Weltkriegs ihre Schlepperproduktion wieder einstellen.

Ein 24-PS-Kelkel-Schlepper von 1951 mit hinterem Raupenband. (Foto: Sammlung Gebhardt)

Kelkel K 22 von 1948.

Kelkel K 36 von 1952.

Kelkel K 15 E, ein 14-PS-Schlepper von 1950. (Foto: Wleiter, © CC-BY-SA)

Nach dem Krieg nahmen die beiden Brüder ihre Traktorenfertigung wieder auf, waren aber gezwungen, diese wegen Kriegsschäden ins nahegelegene Tamm bei Ludwigsburg zu verlegen. Ab 1949 gingen Josef und Gottfried Kelkel getrennte Wege; jeder versuchte sein Glück mit einer eigenen Schlepperfirma.

Bis zu seinem Tod im Jahr 1953 baute Josef Kelkel die Schleppermodelle der JK-Serie (JK 12, 18, 20, 25/28) sowie die Modelle K14, 22/24, 18 und 40, deren Motoren er von Güldner oder MWM bezog; sie leisteten zwischen 15 und 40 PS. Alle diese Modelle bot er zudem in einer Ausführung als Radraupenschlepper an. Nach seinem Tod hörte der Betrieb auf zu bestehen.

Gottfried Kelkel stellte ebenfalls in Tamm noch bis ins Jahr 1956 Traktoren für den regionalen Markt her. Dann zwangen ihn die vor allem für Kleinbetriebe ungünstigen Entwicklungen in der Branche zur Aufgabe.

Krieger

Kultivatoren, Pflüge, Einachsschlepper samt Anbaugeräten und weitere Produkte für Landwirtschaft und Reihenkulturen standen nach dem Zweiten Weltkrieg im Programm des kleinen pfälzischen Familienunternehmens von Fritz Krieger.

Ende der 40er Jahre stellte Krieger in seiner Werkstatt in Rhodt unter Rietburg zusätzlich den Prototyp des von Adam Rodach entworfenen »Varimot« her, eines kleinen Spezialschleppers mit 8-PS-Motor, dessen Serienfertigung dann aber seit 1956 die Traktorenfirma von Hermann Lanz in Aulendorf übernahm.

Im Jahr 1958 erschien mit dem »Kruni« KS 20 der erste »Krieger-Universalschlepper«. Dieser Schmalspurtraktor richtete sich an Betriebe für Wein-, Obst- und Gartenbau sowie an Gärtnereien und verfügte über einen MWM-Motor mit 20 PS Leistung.

Ende der 60er Jahre brachte Krieger die Allradschmalspurschlepper KS 30 A und KS 40 A auf den Markt, die bereits einige Jahre später von den Modellen KS 33 und KS 42 ergänzt wurden. Im Laufe der Weiterentwicklung der vielseitigen kleinen Fahrzeuge baute Krieger zunehmend leistungsfähigere Motoren in diese ein – außer MWM kamen auch Aggregate von Deutz und Hatz zum Zuge – und erhöhte deren Wendigkeit durch die Möglichkeit eines hohen Lenkeinschlags.

Krieger KS 28 A von 1976.

59-PS-Krieger-Schmalspurschlepper K 601 A, 2002. (Foto: Krieger GmbH)

Die gegenwärtigen Modelle der KS- und KT-Reihen (Stand 2012) verfügen über Drei- bis Vierzylindermotoren samt Synchrongetriebe und kommen auch im kommunalen Bereich zum Einsatz. Neben Kleintraktoren bereichern noch Sprühgeräte das Angebot von Krieger.

30-PS-Krieger-Schmalspurschlepper »Kruni KS 30 A«, 1966. (Foto: Krieger GmbH)

33-PS-Krieger-Schmalspurschlepper KS 33 A, 1970. (Foto: Krieger GmbH)

Röhr

Erich Röhr begann seine Schlepperproduktion 1948 in den Hallen einer angemieteten Passauer Zahnradfabrik. Eigentlich produzierte der bayrische Betrieb typische Konfektionsschlepper, bei denen zugekaufte Fahrzeugteile zum Traktor montiert wurden. Doch Röhr hatte größere Ambitionen und stellte dies mit seinem Schlepperprogramm unter Beweis.

Mit Motoren von MWM und Hatz bestückt, deckten die Traktoren aus Passau schon bald eine breite Leistungspalette von 12 bis 40 PS ab. Weil die Schlepper des kleinen Herstellers bei den bayrischen Landwirten ankamen, verlegte Röhr bereits nach wenigen gebauten Exemplaren seine Fertigung in größere Werkshallen nach Landshut.

Seine Bereitschaft, über den regionalen Markt hinauszuwachsen, unterstrich Röhr 1953 mit dem Modell »Titan R 60«, das mit 60 PS die damals höchste Leistungsklasse besetzte und zu den schwersten deutschen Traktoren zählte. Sein Einsatz war nicht auf die Landwirtschaft beschränkt; gerade der Forstwirtschaft erschien solch ein Kraftpaket gerade richtig. Ebenso interessierten sich bestimmte Märkte im Ausland für den Koloss.

Röhr hatte sich als kleiner Schlepperbauer gerade mit dem »Titan« weit aus dem Fenster gelehnt, um den großen Durchbruch zu schaffen. Doch die Jahresstückzahl von 600 Traktoren war auf Dauer zu klein und konnte nicht erhöht werden.

1954 übernahm die » Hans Glas GmbH« aus Dingolfing die Werkstätten von Röhr. Damit war das Ende der Schlepperfertigung eingeläutet. Die Produktionshallen benötigte Glas bald für die Herstellung des Kleinwagens »Goggomobil«. Die Landmaschinensparte sollte an den Traktorbauer Eicher weiterveräußert werden. Stattdessen trat Otto Haas aus Sallach in Niederbayern an dessen Stelle und baute ab 1956 bis zu Beginn der 60er Jahre einige der Röhr-Modelle in kleiner Auflage weiter.

Röhr selber hatte aber damit nicht aufgehört zu bestehen. Mit Passau als Zentrale stieg Erich Röhr in den Autohandel ein und übernahm dort die Leitung einer VW-Niederlassung. Der Name Röhr schmückt mittlerweile vier weitere Filialen mit den Autos aus Wolfsburg und Ingolstadt.

Der Röhr 25 R aus dem Jahr 1950 leistete 25 PS.

Der Röhr 15 R wurde von 1949 bis 1954 gebaut und leistete 15 PS.

Röhr 20 REH von 1953.

Der Röhr 60 R kam 1953 auf den Markt und leistete 60 PS, weshalb er den Beinamen »Titan« erhielt. (Foto: Sammlung Gebhardt)

Der Röhr 60 R »Titan« konnte sich am Markt nicht durchsetzen. (Foto: Sammlung Gebhardt

Sauerburger

In den 60er Jahren gegründet, widmete sich der Betrieb der Familie Sauerburger aus Ihringen-Wasenweiler am Kaiserstuhl der Herstellung von Bodenbearbeitungsgeräten für den Weinbau.
1983 erfolgte der Einstieg in den Bau von Schmalspurschleppern, die mit Motoren von MWM bestückt wurden. Einige Jahre später überarbeitete Sauerburger alle Modelle und stattete sie mit selbstentwickelten Getrieben aus. Um unter den engräumigen Bedingungen im Wein- und Obstbau manövrieren zu können, erlaubte die neue Antriebsachse einen großen Lenkeinschlag.

Sauerburger stellt zwar nur zirka 80 Schmalspurschlepper pro Jahr her, dennoch gehen Exporte ins europäische Ausland und nach Kanada. Das derzeitige Produktangebot (Stand 2012) umfasst neben FXS-Schmalspurschleppern noch Sondertraktoren vom Typ »Grip 4« sowie vielfältige weitere Geräte und Maschinen für Land- und Forstwirtschaft, Wein- und Obstbau sowie Kommunen, darunter beispielsweise Teleskop- und Hoflader, Schneidwerke, Häcksler und – wie schon zu Beginn der Firmenkarriere – zahlreiche Traktorenanbaugeräte für die Bearbeitung sowohl von Ackerböden als auch solchen von Weinbergen und Obstanbaugebieten.

1983 hatte Sauerburger den Schmalspurtraktor FXS 330 A mit 33 PS im Angebot. (Foto: Sammlung Gebhardt)

Sauerburger FXS 751 AS mit 79 PS aus dem Jahr 1999. Dieses Modell ist auch heute noch im Programm der badischen Firma. (Foto: Sammlung Gebhardt)

Der Grip 4 ist ein aktueller Sondertraktor im Angebot der Firma Sauerburger. (Foto: Sauerburger)

Stihl

Im Jahr 1926 gründete der in Zürich geborene Andreas Stihl nach seinem Maschinenbaustudium in Stuttgart/Bad Cannstatt eine Maschinenfabrik, in der er zunächst Waschmaschinen, Vorfeuerungsanlagen und Niederdruckdampfkessel herstellte. Seinen eigentlichen Coup landete Stihl jedoch mit seiner Erfindung der Elektrokettensäge im selben Jahr, der 1929 eine benzinbetriebene folgte. Dank dieser Produktreihe konnte das schwäbische Unternehmen einen stetigen und steilen Aufstieg verzeichnen.

Nach der Zerstörung der Bad Cannstatter Fabrik im alliierten Bombenhagel und dem Ende des Zweiten Weltkrieges zog Stihl nach Neustadt bei Waiblingen um. Motorkettensägen waren direkt nach dem Krieg noch nicht so gefragt, deshalb begann er mit der Entwicklung eines leichten Bauernschleppers mit der Kennzeichnung S 140. Neben seinem luftgekühlten Zweitakt-Diesel aus eigener Entwicklung mit 12, später 14 PS Leistung besaß der Traktor einen Achszwischenraum zum Anbringen von Zusatzgeräten. Darüberhinaus konnte der S 140 mit hydraulischem Kraftheber und Zapfwelle aufwarten.

Leider erwies sich der Motor als recht anfällig und musste gegen solche von MWM ausgetauscht werden. Auch bewährte sich das eigentlich recht vielfältig einsetzbare Gefährt nicht so recht in der Praxis, denn es war gewichtsmäßig zu leicht und konnte nicht die notwendige Zugkraft aufbieten.

Mitte der 50er Jahre erschien ein verbesserter Nachfolger mit 14 PS Leistung. Der S 144 hatte einen längeren Radstand und besaß zudem einen Kriechgang. Bis Ende des Jahrzehnts fand er seine Abnehmer. Stihl stellte bis Anfang der 60er Jahre weitere Schlepper mit teils höheren Motorleistungen bis 20 PS vor, doch die Verkäufe gestalteten sich zunehmend schwierig.

Stihl hatte im Gegensatz zu seinen Mitbewerbern kein vollständiges Sortiment an Schleppern aufzuweisen. 1963 stieg die schwäbische Firma deshalb wieder aus der Traktorenfertigung aus und konzentrierte sich stattdessen auf ihre eigentlichen Hauptprodukte, die Motorkettensägen. Auf diesem Gebiet war Stihl sehr erfolgreich, konnte in alle Welt expandieren und Anfang der 70er Jahre die Marktführerschaft erobern.

Im Jahr1960 entstand dieser Stihl S 15. Aber auch diese jüngsten Modelle konnten nicht mehr verhindern, dass Stihl die Traktorenproduktion wenige Jahre später wieder einstellte.

Nach dem Ausstieg der Familienmitglieder aus der Firma zu Beginn der 90er Jahre vereinigte die Stihl Holding AG als Dachorganisation mehrere Subfirmen mit dem Namen Stihl unter sich.

Der Stihl S 140 von 1953 hatte einen recht anfälligen Motor, der schließlich durch eine MWM-Maschine ersetzt wurde. (Foto: Norbert Schnitzler, © CC-BY-SA)

Ebenfalls von 1960 stammt dieser Stihl S 20, den es sowohl mit einem selbst entwickelten Zweitaktmotor als auch mit einem Viertaktmotor von MWM gab.

Anfang der 50er-Jahre erschien mit dem Typ S 15 der erste Sulzerschlepper. (Foto: Sammlung Gebhardt)

30/32-PS-Sulzer S 30 LA von 1956. Weil Sulzer die Teile für seine Traktoren nach Bedarf und Gelegenheit kaufte, sahen selbst Traktoren mit der gleichen Modellbezeichnung mehr oder weniger unterschiedlich aus. (Foto: Sammlung Gebhardt)

18/20-PS-Sulzer Typ S 18/20 L von 1957. (Foto: Sammlung Gebhardt)

Sulzer

Direkt ab Werk verkaufte die kleine, 1922 gegründete Firma »Ignaz Sulzer, Maschinen- und Fahrzeugbau« aus Augsburg ab den 50er Jahren eine beachtliche Zahl und Vielfalt an Schleppermodellen. Ohne einen Zwischenhändler hinzuzuziehen, bediente Sulzer mit seinen in Handarbeit gefertigten kleinen und mittleren Traktoren allerdings nicht viel mehr als die Region um Augsburg.

Ignaz Sulzer hatte schon vor dem Krieg mit ersten 15- bis 20-PS-Schleppern experimentiert, doch er war u. a. aufgrund seiner Einzelfertigungsmethode seinerzeit nicht vom Schellplan berücksichtigt worden und deshalb gezwungen, dieses Geschäftsfeld bei Kriegsbeginn vorerst aufzugeben.

Nach dem Krieg ermöglichte die manuelle Produktionsweise von Sulzer den Bau von oftmals direkt auf Kundenwünsche zugeschnittene Traktorenmodelle. Weil der Augsburger Schlepperbauer ohnehin alle Bauteile für die Montage zukaufte und sich hier nicht an irgendwelche Standards hielt, solange er nur alles Benötigte möglichst preiswert und trotzdem in guter Qualität bekam, sahen viele Sulzer-Traktoren sehr unterschiedlich aus, selbst Modelle des gleichen Typs.

Anfang der 50er Jahre erschien als erster Sulzerschlepper der S 15 mit 15 PS. Bald erweiterte sich die Palette um zahlreiche weitere Modelle, in die er Motoren von Deutz und MWM mit Leistungen bis maximal 40 PS einbaute. Besonders gut liefen in diesen Jahren die leistungsmäßig kleinen Schlepper, allen voran der S 22 L. 1954 überarbeitete die Augsburger Firma ihr Typenangebot; Ende des Jahrzehnts standen bei Sulzer sogar Allradschlepper mit gleich großen Reifen und Leistungen zwischen 28 und 45 PS zum Verkauf.

Der Zusammenarbeit mit Gutbrod entstammte schließlich der letzte Traktor von Sulzer, es war das Modell S 330 L, hinter dem sich die Lizenzproduktion des Wahl-Schleppers W 133 verbarg. Zu Beginn der 60er Jahre gab der Betrieb die unrentabel gewordene Schlepperherstellung auf, vertrieb für eine gewisse Zeit die englischen David-Brown-Traktoren und veränderte anschließend sein Geschäftsfeld vollständig. Seither arbeitet Sulzer als metallverarbeitender Dienstleister und hat seit 1999 seinen Sitz ins nahe bei Augsburg gelegene Adelzhausen verlegt.

Der 25-PS-Sulzer Typ S 330 L von 1961 war eine aus der Zusammenarbeit mit Gutbrod stammende Lizenzproduktion des Wahl-Schleppers W 133. (Foto: Sammlung Gebhardt)

Ursus/Urus

Die Stationierung der US Air Force in Wiesbaden nach dem Zweiten Weltkrieg brachte die Firma »Motor Pool Wiesbaden« auf die Geschäftsidee, mit der Reparatur und dem Handel von ausgedienten Fahrzeugen und Gerätschaften der Amerikaner erstes Geld zu verdienen. Bald wurde nicht nur repariert, sondern kreativ umgebaut: US-Lkw bekamen von den Deutschen einheimische Motoren von Deutz und Henschel verpasst, Jeeps und Dodge-Fahrzeuge wurden gleich ganz zu Schleppern umgebaut.

Damit war das Besondere dieser nun zum Traktorenbauer gewandelten Firma geschaffen: Schlepper, die von vorneherein vier gleich große Räder und Allradantrieb besaßen. Dieses Konstruktionsprinzip behielten die Wiesbadener auch dann bei, als sie anfingen, selbstkonstruierte Traktoren herzustellen.

Unter der Bezeichnung »Ursus Allrad« erschien ab 1949 der B 28 in Blockbauweise. Er besaß einen wassergekühlten Zweizylinder-Dieselmotor von MWM und leistete – nomen est omen – 28 PS. Ursus (lat. Bär) hieß die Firma – und hießen dementsprechend wohl auch die Schlepper – zunächst nur von 1949 bis 1950, danach firmierte das Traktorenwerk bis 1953 unter dem Namen Urus (lat. Auerochse). Nach der Übernahme durch den Schlepperbauer Erkelenz aus Frankfurt/Main firmierte der Betrieb ab 1954 in Wiesbaden unter »Ursus Traktorenwerk Erkelenz & Co. KG« – Firma und Traktoren hießen also wieder Ursus. Erkelenz hatte seine eigene Entwicklung, den »C 10 Bambi«, nach Wiesbaden mitgebracht, wo er von nun an diesen sehr geländegängigen und mit einer Reihe technischer Finessen versehenen Leichtschlepper produzierte. Passend zu den bisherigen Motor-Pool-/Ursus-/Urus-Schleppern besaß auch der Bambi vier gleich große Räder samt Allradantrieb. Außerdem verfügte er interessanterweise über eine Allradlenkung und die Möglichkeit, den Fahrersitz um 180 zu drehen. Der Dieselantrieb stellte anfangs lediglich 10, später 12 PS (beim Modell C 12) zur Verfügung. Außer hinten und vorne am Fahrzeug bot der Kleintraktor zwischen den Achsen eine weitere Anbaumöglichkeit für Zusatzgeräte.

Im Jahr 1957 folgten noch die stärker motorisierten Modelle B 40 (40 PS) und B 42 (42 PS), wiederum mit gleich großen Reifen und Allradantrieb versehen. Doch eine hohe Fertigungszahl hatten die Traktoren aus Wiesbaden, trotz technisch einwandfreier und teilweise innovativer Konstruktionsweise, ohnehin nie erreicht. Nicht lange nach dem Tod von Erkelenz wurde die Schlepperfirma aufgelöst.

Der Ursus-Kleinschlepper Bambi C 10 von 1954 war eine Entwicklung, die Franz Erkelenz mit nach Wiesbaden gebracht hatte. (Foto: Sammlung Gebhardt)

Die ersten Ursus-Modelle waren noch Behelfsschlepper, die auf Jeepbasis aufgebaut wurden. Dieser Typ von 1949 leistete 15 PS. (Foto: Sammlung Gebhardt)

12/15-PS-Ursus-Behelfsschlepper Typ 4, ebenfalls aus dem Jahr 1949 und ebenfalls auf Jeepbasis. (Foto: Sammlung Gebhardt)

Dieses – wenn auch etwas kleinformatig geratene – Bild vom Typ 28 B belegt, dass die Schlepper zeitweise unter dem Namen Urus verkauft wurden. (Foto: Romy2002, © CC-BY-SA)

Zum Weiterlesen aus dem Motorbuch Verlag

Andrew Morland

Traktor-Legenden

Dieser fantastische Bildband präsentiert die schönsten der weltweit eingesetzten Traktoren. Von A wie Allis-Chalmers über L wie Lanz bis Z wie Zetor finden sich Fotos von seltenen Traktoren aus den USA, Kanada, Europa und Japan seit den 80er Jahren des 19. Jahrhunderts bis in die Neuzeit.

208 Seiten, 640 Bilder,
Format 225 x 295 mm
ISBN 978-3-613-03302-3
€ 14,95 / sFr 19,90
€ (A) 15,40

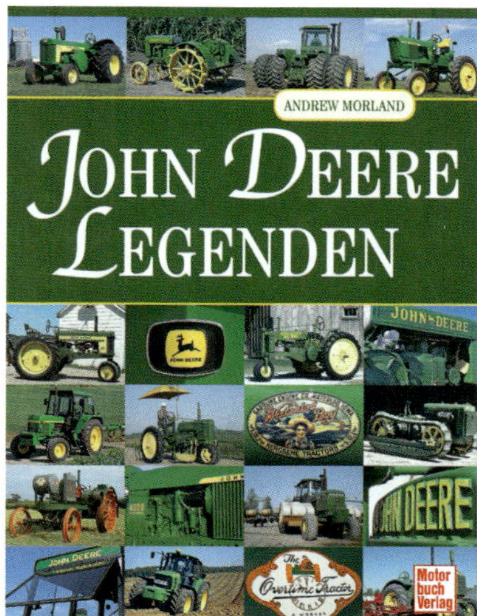

Andrew Morland

John Deere Legenden

Die interessanten Modelle und T
pen von John Deere, jener Mar
die in den 50er Jahren die Tra
tionsmarke Lanz übernahm u
den Standort Mannheim zur grö
ten europäischen Traktorschm
de ausbaute. Dieser Prachtba
präsentiert die Traktor-Legend
mit der charakteristischen grü
gelben Lackierung.

208 Seiten,
Format 225 x 295 mm
ISBN 978-3-613-03432-7
€ 14,95 / sFr 19,90
€ (A) 15,40

www.motorbuch-verlag.de

Service-Hotline: 01805/00 41 55*

*0,14 Cent/Min. aus d. dt. Festnetz, max. 0,42 Cent/Min. aus Mobilfunknetzen

Motor buch Verlag

Stand August 2012 · Änderungen in Preis und Lieferfähigkeit vorbehalten.